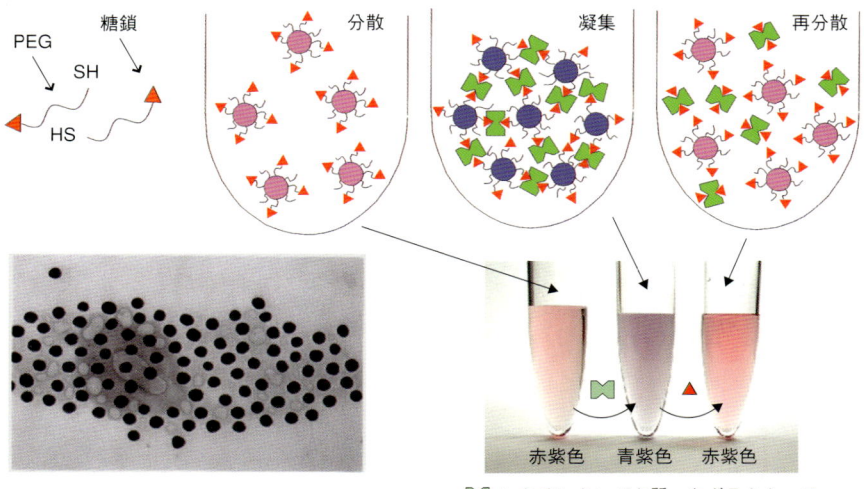

口絵1　ラクトースを末端に有するPEG-SHで機能化された金ナノ微粒子のレクチン-ガラクトースくり返し添加による可逆的凝集-分散挙動
分散状態に応じて金コロイド溶液の色調が変化し，特異的生化学反応の有無が判断できる．
[p.55参照]

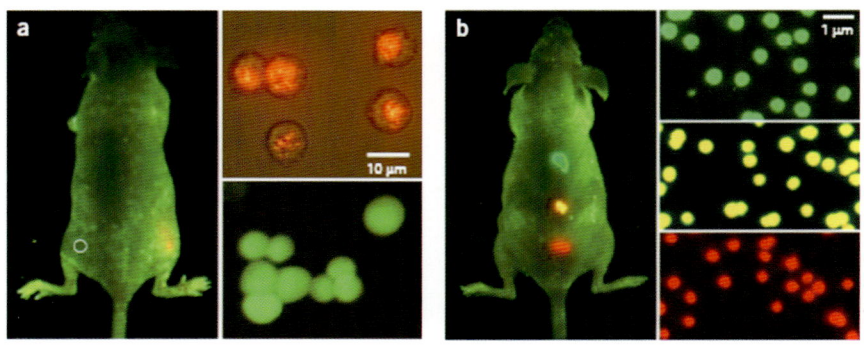

口絵2　生きているマウスに対してナノ量子ドットを用いて感受性・多彩化を比較した画像
(a) ナノ量子ドット標識細胞とGFPトランスフェクト細胞をマウスに注入したもの．量子ドットシグナルだけ生体内で観察された．(b) 右図の3色は単一光源を用いて同時に観察される．[p.57参照]

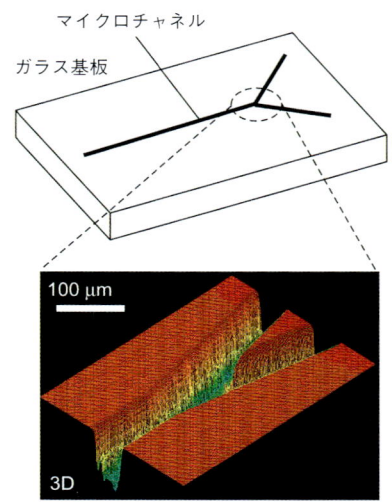

口絵3 マイクロチャネル（マイクロ流路）の湿式エッチング加工の例
画像は，加工したマイクロチャネルを共焦点顕微鏡により観察した例． [p. 97参照]

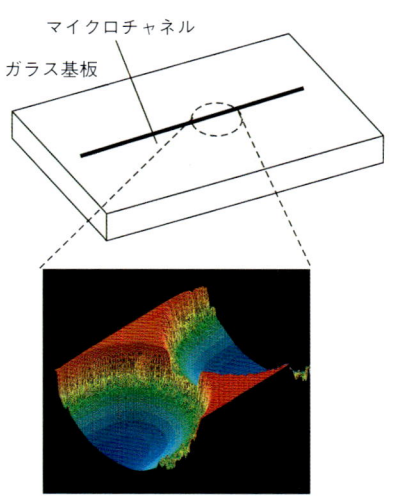

口絵4 湿式エッチングを利用したマイクロチャネル中ダム構造形成の例
[p. 97参照]

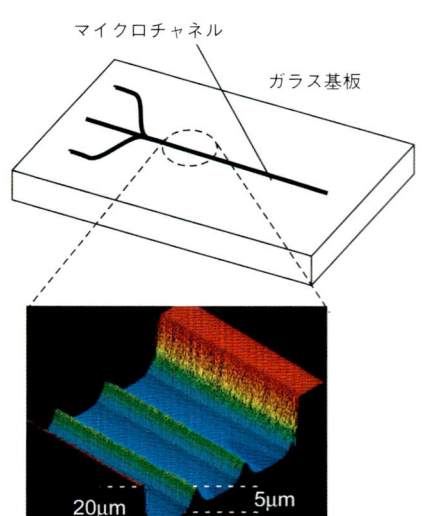

口絵5 湿式エッチングを利用したマイクロチャネル中尾根構造形成の例
[p. 98参照]

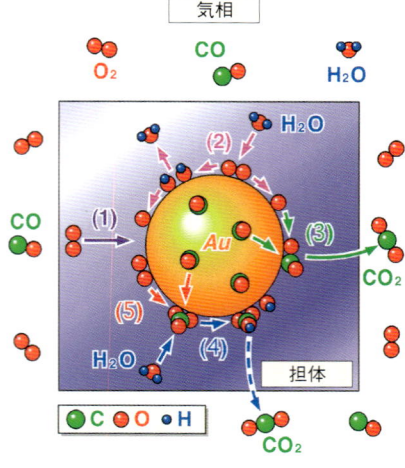

口絵6 金ナノ粒子触媒上でのCO酸化の反応経路
Au表面に吸着したCOと担体表面に吸着し活性化された酸素とが接合界面周縁部で反応する．水は酸素分子の解離と表面炭酸塩種（被毒の原因）の分解を促進．
[p. 153参照]

ナノテクノロジー入門シリーズ

ナノテクのための
化学・材料入門

日本表面科学会 編集

担当編集委員　**本間芳和・北森武彦**

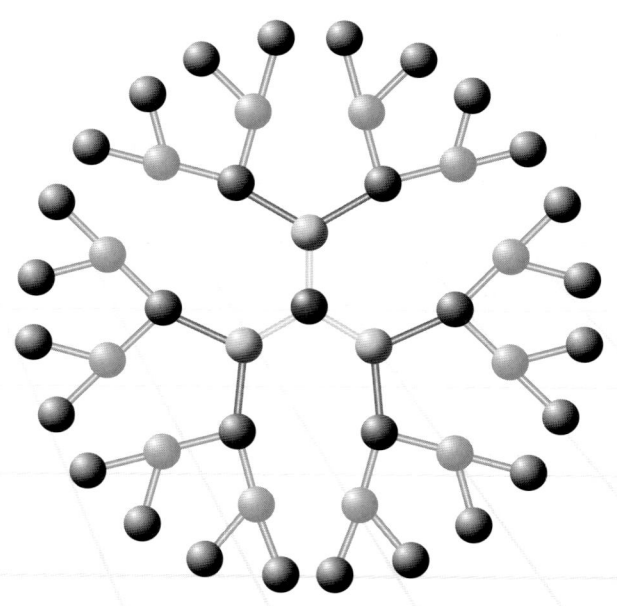

共立出版

担当編集委員・執筆者一覧

●担当編集委員●
本間芳和（東京理科大学理学部）
北森武彦（東京大学大学院工学系研究科）

●執筆者●
Chapter 1　江　東林（自然科学研究機構 分子科学研究所）
Chapter 2　大塚英典（東京理科大学理学部）
　　　　　片岡一則（東京大学大学院工学系研究科）
Chapter 3　山本茂樹（大阪大学大学院理学研究科）
　　　　　飯國良規（大阪大学大学院理学研究科）
　　　　　渡會　仁（大阪大学大学院理学研究科）
Chapter 4　北森武彦（東京大学大学院工学系研究科）
　　　　　火原彰秀（東京大学大学院工学系研究科）
Chapter 5　近藤敏啓（お茶の水女子大学理学部）
　　　　　山田　亮（大阪大学大学院基礎工学研究科）
　　　　　魚崎浩平（北海道大学大学院理学研究院）
Chapter 6　栗原和枝（東北大学多元物質科学研究所）
Chapter 7　春田正毅（首都大学東京大学院都市環境学研究科）
Chapter 8　本間芳和（東京理科大学理学部）
Chapter 9　川合真紀（東京大学大学院新領域創成科学研究科）
Chapter 10　金　幸夫（東京大学大学院工学系研究科）

「ナノテクノロジー入門シリーズ」編集委員会

委員長　猪　飼　　　篤（東京工業大学大学院生命理工学研究科）
委　員　荻　野　俊　郎（横浜国立大学大学院工学研究院）
委　員　宇理須恒雄（自然科学研究機構 分子科学研究所）
委　員　本　間　芳　和（東京理科大学理学部）
委　員　北　森　武　彦（東京大学大学院工学系研究科）
委　員　菅　原　康　弘（大阪大学大学院工学研究科）
委　員　粉　川　良　平（株式会社 島津製作所）
委　員　白　石　賢　二（筑波大学大学院数理物質科学研究科）

本シリーズの刊行にあたって

　このたび，平成 19 年は寒気冴えの 1 月から陽春 3 月にかけて，日本表面科学会より「ナノテクノロジー入門シリーズ」全 4 巻を順次刊行する運びとなった．

　本シリーズの 1 冊を手にし，ナノテクノロジーと表面科学，この 2 つがどう関係して入門シリーズ刊行の企画がスタートしたのだろうかと，ふと思われる向きもあるかと思う．表面科学は自然にあるいは人為的に作り出された固体表面における原子の配列を推定し，そこに見られる表面特有な機能を解明する学問領域として出発した当初から，原子という究極のナノマテリアルを研究対象としていた．それゆえ，固体表面上に異種原子層を 1 原子層，2 原子層と積み上げていくナノテクノロジー技術はまさに表面科学，ひいては表面科学会員の得意とする技であり，表面科学とナノテクノロジーの関係は実に密接なものがあることがおわかりいただけるかと思う．また，例にあげた固体表面のみならず，液体表面，固液界面，液液界面，気液界面など，生活に密着したいろいろな表面，界面現象を研究対象として表面科学は発展してきた．

　表面には魔物が住む，といわれたくらいむずかしい分野であったが，表面特有の性質を示す原子や吸着分子を選択的に分析する技術の発達がこの分野を支えてきた．それらの技術が，ナノテクノロジーのかけ声とともに，究極には 1 原子分析，1 分子分析を目指す方向へ再び大きく進歩しようとしている．表面原子の再配列の様子を原子分解能をもって明瞭に示した新規測定手段，走査型トンネル顕微鏡の登場から 25 年を経て，いまでは，あたかもわれわれの太い指先が原子・分子を 1 つ 1 つ転がしたり，吊り上げたり，圧しつぶしたり，原子・分子どうしをつないだりと，まるで原子・分子を自在に扱っているかのような研究が次々と発表される日常となっている．

　フラーレン，カーボンナノチューブに代表されるナノマテリアルにナノテクノロジーの将来を見る人は多い．これに加えて，異なる材料からつくられる

種々のナノチューブや分子配線の材料としてのDNAや有機電導体，究極には1原子配列からなる金属細線，固体表面上で原子を1つ1つ積み上げてつくるデバイス，細胞内へのDNAなど機能分子の注入あるいは細胞内からの採取デバイス，ナノパーティクルを利用する医薬デリバリーシステム開発，微小な泡や表面微細加工を利用した思いもかけない新機能性材料の開発など，ナノテクノロジーの基礎・応用研究には先の長い夢がある．ナノマテリアル，ナノテクノロジーの時代はまた，物理，化学，生物，工学という従来の学問分野のあらゆる知識と技術が原子・分子という究極の材料に向かって一斉に試される共通の場でもある．短い時間でナノテクノロジーに関係する異分野の動向と基礎知識を身につけたいと思う研究者・技術者の方が多いと思う．

それを提供するのが本シリーズ，「ナノテクノロジー入門シリーズ」全4巻である．

本シリーズは日本表面科学会の歴代会長の強力な後押しを得て，日本表面科学会会員を中心とする，表面科学とナノテクノロジーに詳しい最適の執筆陣に渾身の筆を揮っていただくことができたことを，学会および執筆者の皆様に感謝したい．科学と技術の進歩に遅れない内容をもつことを誇りとできる本シリーズを，ぜひ，読者の皆様のお手元で立派に活用していただけることを願っている．本シリーズの刊行にあたって，共立出版株式会社のご協力に心より感謝したい．

2006年12月

「ナノテクノロジー入門シリーズ」編集委員会を代表して

猪飼　篤

はじめに

　ナノテクノロジーは，半導体集積回路技術に牽引されて発展した微細加工技術，いわゆるトップダウン技術と，原子・分子の自己配列，自己組織化に基づいたボトムアップ技術の融合によって急速に発展している技術分野である．自己組織化は生体をモデルにした概念であり，DNAの塩基配列情報に基づいて，ペプチド，タンパク質，生体組織と組み上げていく生物が手本である．一方，金属結晶に代表される規則的な原子配列の組み上げという，物理的な自己配列過程がある．その間に，原子や分子の結合がかかわる分野が広がり，結合の操作により，新しい物質を設計して作り出す技術が出現している．これら3つの領域の間に明確な境界があるわけではないが，各分野の先端に位置するところで出来上がる構造にはまったく違う世界が広がる．数学で記述できる無機物の結晶の世界と，生命現象という高度に複雑化された有機物の世界，この両端をつなぐ領域で大きな役割を演じるのが化学である．化学は物質の創製に深くかかわるとともに，生命現象の解明に重要な役割を果たしている．したがって，まさにナノテクノロジー，バイオテクノロジーの基礎を担う学問といえよう．このため，物質の面からナノテクノロジー，バイオテクノロジーを学ぶ場合，化学は避けて通れない分野である．化学を専門とするとしないとにかかわらず，化学の知識は不可欠であり，かつ化学で用いられている手法や材料が他分野の研究にインスピレーションを与える場合もあろう．

　本書はこのような観点から，初学者や化学を専門としないナノテクノロジーの研究者が，抵抗なく読み進められることをめざして編集されている．カバーする分野は，機能性分子から各種ナノ構造体にいたる材料科学，ナノ構造の形成プロセス，ナノ触媒技術，分析計測技術と多方面に及ぶ．新しい分野に入り込んだときに戸惑うのが，その分野の専門用語や，その分野では当たり前になっている概念を知らないことにより，文献や講演内容をなかなか理解できないことである．本書では，できるだけそのようなバリアを低くするように配慮して編集した．一方では，ナノテクノロジーの観点から，化学の手法としては比較的新しい概念も積極的に取り込むことも試みた．しかしながら，平易さと高度

に複雑化された最先端技術の解説とのはざまで，必ずしもバリアフリー化が成功したとはいえない部分も多いかと思う．いくらかでも化学・材料テクノロジーの最先端の息吹が伝わり，学習・研究に活用していただけたら幸いである．

2007年2月

第2巻担当編集委員　本間芳和
北森武彦

目　次

オーバービュー …………………………………………………………… 1

■ ナノスケール構造

Chapter 1　基本構造：機能性有機分子，超分子，ナノチューブ，
機能性有機モチーフとしてのデンドリマー …………………………… 7
　Ⅰ．機能性有機分子 ………………………………………………………… 8
　Ⅱ．超分子 …………………………………………………………………… 9
　Ⅲ．ナノチューブ …………………………………………………………… 17
　Ⅳ．機能性有機モチーフとしてのデンドリマー ……………………… 20

Chapter 2　高次構造：ミセル，コロイド，ナノファイバー ………… 36
　Ⅰ．界面活性剤とミセル …………………………………………………… 37
　Ⅱ．ナノ粒子 ………………………………………………………………… 47
　Ⅲ．ナノファイバー ………………………………………………………… 57

Chapter 3　局所構造：液液ナノ界面，固体界面，ナノ粒子 ………… 65
　Ⅰ．液液ナノ界面 …………………………………………………………… 65
　Ⅱ．固体界面 ………………………………………………………………… 75
　Ⅲ．ナノ粒子 ………………………………………………………………… 82

■ ナノスケール構築

Chapter 4　トップダウン構築 ………………………………………… 91
　Ⅰ．リソグラフィー ………………………………………………………… 92
　Ⅱ．構造形成 ………………………………………………………………… 94

Chapter 5　**ボトムアップ構築：金属および半導体基板表面への機能性分子層の形成** ………… 106
　Ⅰ．形成法と構造 ………………………… 108
　Ⅱ．機能性単分子層 ……………………… 118

Chapter 6　**集団的ナノ構築** ……………………… 129
　Ⅰ．分子組織体を用いるナノ構造の調製 ………… 130
　Ⅱ．分子の組織化による性質の変化 …………… 136
　Ⅲ．固-液界面における分子の集団的挙動 ………… 139

Chapter 7　**貴金属触媒における粒子径と担体の効果** ………… 143
　Ⅰ．貴金属触媒の調製 …………………… 145
　Ⅱ．貴金属ナノ粒子触媒の微細構造：金を例として ………… 147
　Ⅲ．貴金属触媒における担体効果とサイズ効果 ………… 149
　Ⅳ．貴金属クラスターの非金属性と触媒作用 ………… 155

■　ナノスケール分析

Chapter 8　**ナノ材料の分析計測** ………………… 161
　Ⅰ．ナノ材料の分析手法の特徴 ………… 161
　Ⅱ．化学分析計測法の基礎 ……………… 163
　Ⅲ．微小部の元素分析 …………………… 166
　Ⅳ．微小部の化学結合解析 ……………… 169
　Ⅴ．表面の微量分析 ……………………… 172
　Ⅵ．分析領域の大きさと検出感度 ……… 172

Chapter 9　**単一分子の分析計測** ………………… 174
　Ⅰ．単分子の化学反応 …………………… 175
　Ⅱ．単分子の振動分光 …………………… 180

Chapter 10　**ナノ・マイクロ構造による分析計測** ·················· 187
　　Ⅰ．分析計測操作と試料サイズ ························· 188
　　Ⅱ．マイクロ構造体を利用した分析計測例 ··············· 191
　　Ⅲ．ナノ構造体を利用した分析計測例 ··················· 200

索　引 ··· 211

―――●表紙の図●―――
デンドリマー（p.20 参照）

オーバービュー

本間芳和・北森武彦

I. ナノテクノロジーと化学・材料

　本書は，化学や材料科学をこれから学ぼうとしている読者を対象としている．これらの分野の研究者や専門家は，日常的にナノメートルサイズの分子を設計・合成している．またその分子がもつ性質も，分子内のナノ構造により発現するのが普通である．化学や材料科学の世界では，ナノメートルの世界を常に意識し，議論しているといっても過言ではない．大学・大学院において化学や材料科学を学ぶ学生は，講義や学生実験を通じて，この感覚を身につけることができる．

　一方で，専門外の研究者の方や初学者が化学や材料科学の世界に抵抗を感じることも容易に理解できる．抵抗を感じる理由のひとつに，化学や材料科学の世界があまりに多様性に富むことがあると考えられる．多様性の背後にある原理・原則が理解しにくいのではないかと考えられる．

　物理学・生物学・化学・工学などの学問的垣根を越えて，ナノメートルサイズの大きさの物質を制御することに注目した「ナノテクノロジー」という考え

方は，化学や材料科学の魅力を専門外の研究者や初学者に伝えるためのひとつのよい切り口である．本書では，扱う対象の大きさおよび背後にある原理・原則ごとに Chapter が構成されている．専門外の研究者や初学者を意識した構成としたため，化学的あるいは材料科学的観点からの詳細な議論については参考文献を適宜参照していただきたい．

本序論では，どの Chapter からでも読み始められるように，各 Chapter の概略を紹介することを目的とする．まず，本書は「構造」「構築」「分析」の3部に分けられる．それぞれの項目が3つから4つの Chapter から構成されている．

II．構造

Chapter 1 から Chapter 3 では，分子・分子集合体・ナノ界面などの構造に注目している．

Chapter 1 では，化学や材料科学の基本的単位である分子に注目する．どの位置にどの元素があるかを，すみずみまで設計可能な化合物を構成するテクノロジーを中心に紹介している．前半部では，機能性有機分子について概観したのち，クラウンエーテルやシクロデキストリンといった比較的小さな環状分子，自己集合錯体，ナノチューブの機能についてまとめている．分子ナノテクノロジーの基本的かつ重要な考え方に，「ホスト-ゲスト」の関係がある．環状分子などをホスト分子として用い，分子間相互作用によりゲスト分子が高い会合定数と選択性で結合する現象である．生体分子における酵素と基質の場合と同様に，鍵穴と鍵の関係にたとえることができる．環状分子を用いれば，直鎖状の分子が複数の環状分子の貫くネックレス上の分子集合も形成可能である．また「自己集合」という考え方も重要な概念である．自己集合錯体では，金属イオンと有機分子を数種類ずつある混合比にて混合するだけで，あらかじめ設計可能な数ナノメートルにも及ぶ大きな錯体が形成される．通常の化学合成の手法では作りえない形の分子を，自己集合という現象を利用して形成している点で非常に面白い例である．

Chapter 1 の後半では，より大きな構造を形成する分子ナノテクノロジーの例として，デンドリマーについて紹介している．デンドリマーとは，木の枝が

段階的に枝分かれするのに似た多分岐高分子である．デンドリマーには，特異な光機能性・磁気機能性を示すものが多く発見されており，分子素子として有望なだけでなく，新しい基礎科学を拓く端緒になる分子としても注目が集まっている．

　Chapter 2 では，分子が多数集まって形成される高次構造に注目する．ここでは，まずミセルについて，形成の原理から応用を紹介している．親水性の部分と疎水性の部分をあわせもつ界面活性分子を水に溶かすと，低濃度溶液では分子どうしは離れて溶解するが，高濃度溶液では分子どうしが大きさ数ナノメートル以上の大きさの会合組織を形成する．これをミセルとよぶ．通常のミセルでは，ミセル内部が疎水的であり，ミセル表面が親水的となる．ミセル内部のナノメートルスケールの環境を巧みに利用することで，高度な医療応用などが始まろうとしている．また，この Chapter では，ナノ粒子（コロイド）の合成と応用，ナノファイバー合成と応用もあわせて紹介している．

　Chapter 3 では，より大きなスケールの溶液や固体の界面・表面の構造に注目している．まず，水と油の界面，いわゆる液液界面のナノメートルスケールの構造を，分子論的な観点から紹介している．次に，固体と溶液の界面の構造について，表面電荷やイオン分布の観点から紹介している．さらに，Chapter 3 の後半では，ナノ粒子が液体・固体表面において配列する現象について紹介している．

III. 構築

　Chapter 4 から Chapter 7 では，構造や機能を構築する手法について紹介している．ナノ構造構築には，人工的に設計したものを工学的に構築していくトップダウン構築と，分子間力などの分子そのものの性質を利用するボトムアップ構築がある．また，ナノ粒子などを化学反応の触媒に用いる場合などは，どんな材料にどのようにアセンブリーするかで反応効率が大きく異なることもある．

　Chapter 4 では，トップダウン構築についてリソグラフィー技術を中心に紹介している．リソグラフィーは，人工的なパターンの転写と現像からなっている．リソグラフィーとエッチング，化学反応などを組み合わせることにより，

さまざまな構造が形成可能である．ここでは，ガラス上に流路を形成する例や，生体分子を任意の場所にパターニングする手法を紹介している．このようにして形成した構造の利用例をChapter 10に紹介しているので，あわせて読むことを推奨する．

　Chapter 5では，ボトムアップ手法により金属・半導体表面に機能性分子層を形成する手法について紹介している．固体上に機能性分子層を形成するためには，固体と化学結合する修飾剤を用いる．通常の修飾剤を用いると特徴的な構造が得られないのに対し，長い直鎖部分をもつ修飾剤を用いると自発的に高度な配向性をもった自己組織化単分子膜が形成される．このような規則構造が電気化学反応などの化学機能にも影響を与える興味深い系である．

　Chapter 6では，極微小な液滴（エマルション）やミセルの内部を用いたナノ構造構築や，ミセルの集合体などを鋳型にしたナノ構造構築に注目している．水溶液中のミセルやエマルションの内部は，水中と異なる環境にあるため有機物や金属有機物が分配されやすい．分配量を制御することにより，ミセルやエマルションを反応環境として用いるナノ粒子などの構築が可能となる．Chapter 2のミセル形成原理を参照すれば，より理解が深まると期待できる．また，Chapter 2の後半に一部ナノ粒子合成法を紹介しているので，あわせて参照されたい．Chapter 6の後半では，2つ以上の溶媒を混合した液体と固体表面の間において，純粋な溶媒では見られない力が観察される例を紹介している．従来の化学的な描像にない構造形成の可能性を示唆する現象である．

　Chapter 7では，粒子を保持する物質（担体）に貴金属のナノ粒子を付着させる方法に注目している．調整法によりナノ粒子の付着量が異なり，触媒活性に影響を与えることが，実際の反応を例に紹介されている．Chapter 6の第I節の粒子合成法をあわせて読むことをすすめる．

IV．分析

　Chapter 8からChapter 10では，ナノ構造の分析法・解析法や，ナノ構造を利用した分析法などについて紹介している．

　Chapter 8では，ナノ材料を解析する分析計測法に注目している．化学的あ

るいは材料科学的な解析には,「何が」「どれだけ」「どのような状態で」「どこに」存在するかが基本的な情報である.イオンビームや電子ビーム,電磁波などを用いてこのような要求に応える分析計測法について,原理から分析例までを紹介している.

Chapter 9 では,単一分子の分析計測法に注目している.表面における単一分子の反応を STM により測定する手法について紹介している.単一分子の化学反応を画像化してとらえる例や,単一分子の振動状態を計測する方法などを紹介している.

Chapter 10 では,ナノ・マイクロ構造の分析・計測法への応用を紹介している.科学技術の発展には,分析・計測技術の発展が非常に重要である.とくに,化学・生化学分析においては,液体や細胞などを高速・自動に前処理・分析する技術が求められている.このような要請に,ナノ・マイクロ構造が果たす役割は非常に大きい.ナノ・マイクロ流体素子やアレイ化技術など,おもにトップダウン構築により形成した構造を利用した分析・計測を紹介している.Chapter 4 のトップダウン構築法をあわせて参照されたい.

Chapter 1

ナノスケール構造

基本構造
機能性有機分子，超分子，ナノチューブ，機能性有機モチーフとしてのデンドリマー

江 東林

● はじめに

　分子素子は光，電気，磁気，熱，イオン，分子などの外部刺激に応答して，物質運搬・変換をはじめ，エネルギー伝達・変換，センシング・スイッチングなどさまざまなはたらきを示す．これらの機能は，次世代ナノテクノロジーの根幹をなすと考えられている．小分子成分をモジュールとして用いて分子素子を構築するには，いかにモジュールの空間配列を規制し，サイズや形態を精密に制御するかが鍵となる．とくに，ナノメートルスケールでの構造制御は特異な機能を発現する上できわめて重要で，これまでに化学的にも物理的にも多様多彩なアプローチが展開されている．化学的なアプローチのなかで，とくに，小さなモジュールを用いて意のままにナノ構造体を構築できるボトムアップ法が注目されている．これは非共有結合を介した自己組織化過程であり，さまざまな分子間相互作用を活用することができる．その上，結合パターン，結合方向性，結合の柔軟性などのパラメータをチューニングすることが可能で，ナノ構造体の外表面，サイズ，次元，および内部空間を精密に制御できることが何よりも魅力的である．一方，共有結合を駆使し，原子・分子レベルでの配列制御を通じて，デンドリマーやナノチューブなどこれまでに不可能であったナノ分

子やナノ構造をつくることができ，新しいナノ素材として大いに注目されている．本章では，ナノマテリアルを構築するための基本構造に着目し，機能性有機分子や超分子ビルディングブロック，ナノチューブ，デンドリマーなどに代表される分子モジュールやナノモチーフを中心に概説する．

I. 機能性有機分子

　原子や官能基を基本ユニットとする分子は，その構成成分や互いの結合パターン，立体的な配置などによってそれぞれ固有の形，サイズ，官能基をもち，物理的・化学的な性質も異なる．分子トポロジーの観点から分子の形を，1) 直鎖状・ロッド状分子，2) 平面状分子，3) 環状分子，4) 篭状分子，5) 筒状分子，6) 球状分子，7) 3 次元分子に分けることができる．このような多様多彩な形を有する分子は，原理的に共有結合を介して段階的に合成することができる．最近では，超分子アプローチを用いて非共有結合を利用することで，特異な形を有する分子や分子集合体を構築することが注目されている．非共有結合を用いた手法では，従来の共有結合にはないモジュール設計の柔軟性をもち，かつ複数の異なる性質をもつモジュールを組み合わせることができ，マルチ機能性素子を築きあげるという観点からきわめて魅力的なアプローチだといえる [1]．

　分子はそれぞれ特有の成分や特異な形，高次構造を有していることから，分子の性質は形や高次構造に著しく依存する．その代表的な例として，酵素やタンパク質，DNA などの生体分子などがあげられる．「形と機能」の相関を解明することが，分子設計の新しい指針を与えるだけでなく，新しい分子の誕生や新規ナノマテリアルの創出にもつながり，小分子，ナノメートルスケールの分子集合体（自己組織体，巨大人工分子，酵素・抗体などの生体分子），マイクロスケールなど，各階層においてさまざまな角度から機能発現のメカニズムが検討されている．

　有機分子は設計の柔軟性と官能基の多様性を兼備しており，機能性素子の構築に欠かせないモジュールである．機能という視点から有機分子を分類すると，下記のようになる．

1) 外部応答性機能性有機分子：分子の形や形態などが光や磁場，温度，圧力，

小分子，イオンなどの外部刺激に対して応答する分子である．たとえば，光異性化分子や温度応答性分子は，光照射や温度変化などの外部変化に対応して分子の形を大きく変えることができ，スイッチング材料として機能する．また，分子認識能や識別能を有する分子は，相手の電荷，サイズ，官能基，キラリティなどに応じてシグナルを出すことができる．

2) 光機能性有機分子：光を吸収し，その励起エネルギーを用いてさまざまな役割を果たす分子である．光捕集アンテナ機能を示す有機分子，光励起エネルギー移動を可能とする分子，光誘起電子移動をトリガーする分子などがその代表的な例である．

3) 磁気機能性有機分子：磁性を示す有機分子であり，有機ラジカル，磁性金属錯体，単一分子磁石などがあげられる．

4) 導電性・イオン伝導性有機分子：電子やホール，イオンなどを運搬することができる分子群であり，通常，π共役系を有する分子である．

5) 液晶性分子：液体の流動性と結晶の異方性をあわせもつ分子である．円盤状分子やロッド状分子が液晶になりやすく，数多く開発されている．

6) 触媒機能性分子：有機化学反応や重合反応を促進する有機分子や金属錯体であり，反応物と反応中間体を形成することによって，活性化エネルギーの低い反応経路を生み出すことができる．

7) その他の機能性分子：上記の機能性有機分子を基本ユニットとして用い，超分子科学を駆使して巧みな自己組織化や階層的な自己集合により種々のナノ素子やデバイスが開拓されている．

II. 超分子

　分子間相互作用を生かしてモジュールのボトムアップにより，さまざまな機能を有する超分子や分子集合体を自由自在につくることが可能である．共有結合でつなぐ場合とは異なり，超分子科学的なアプローチでは，官能基を設計することで相互作用をプログラミングすることができる．すなわち，自己組織化プロトコルに従い階層的に構造体を形成し，ほしい構造をほしいタイミングで構築できるという著しい特徴をもつ．この意味において，超分子合成はナノ

マテリアルの精密構築および機能発現と深く関わり，ナノサイエンス・ナノテクノロジーの中核をなすと期待されている．これまでに自己組織化のドライビングフォースとして，1) 水素相互作用，2) 静電相互作用，3) 配位結合，4) π-π相互作用，5) ファンデルワールス相互作用，6) 疎水性相互作用，7) π-カチオン相互作用などさまざまな分子間相互作用が開拓され，それらを介して数多くの精密超分子組織体やナノ集合体が報告されている．また，ビルディング・ブロックとして，通常の小分子に限らず，環状分子，オリゴマー，金属錯体，有機高分子，無機層状化合物，糖類・タンパク質・DNA など種類の異なる分子群も用いられている．ここでは，大環状分子や自己集合錯体を中心に超分子の形成と機能の代表的な例を概説する．

1．クラウンエーテル類

大環状分子をホストとして用い，分子間相互作用によりその内部空間にゲスト分子やイオンを「包接」することができる．1960 年代，デュポンの Pederson によるクラウンエーテルの発見をきっかけに，超分子科学が学問分野として誕生し，今日のように大きく発展してきている [2]．

クラウンエーテルはエチレンエーテル結合，すなわち，-CH$_2$CH$_2$-O-ユニットを基本骨格として有する環状化合物 (-CH$_2$CH$_2$-O-)$_n$ である（図 1）．通常では，n 値が 2 より大きな場合（$n=2$，ジオキサン）クラウンエーテルとよばれ，3n-crown-n のように表記される．したがって，n の数が大きくなるにつれ，形成される環もしだいに大きくなる．エチレンオキシドの代わりに，カテコールを出発原料として用いた場合，フェニル基を環に導入したクラウンエーテルをつくることができる（図 1）．

クラウンエーテルは 1 価，2 価の金属イオンをはじめ，中性分子，ジアゾニウムカチオン，シリンジ状カチオンなどを環内に取り込むことができる．金属

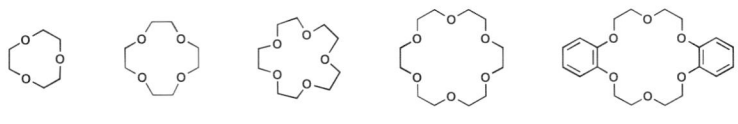

図 1　クラウンエーテル

イオンを取り込む場合，その効率がクラウンエーテル環のサイズに大きく依存する．さらに，錯体の安定性は溶媒に大きく依存し，溶媒極性が大きくなるにつれしだいに低下する．たとえば 18-crown-6 とカリウムイオンの錯形成では，メタノールの中にきわめて高い会合定数（6.08×10^6）を与える．しかし，水中では，会合定数が 2.06×10^2 まで減少してしまう．このような錯形成能や分子認識能を利用して，クラウンエーテルの環構造にさまざまな官能基を導入することで，光スイッチング素子，酸化還元活性素子，イオンセンサー，蛍光センシング，イオンチャネルの人工モデルなどが開拓されている．

2. クリプタンド類

クラウンエーテル環に位置する酸素原子の一部を窒素やイオウなどの原子に置き換えた大環状化合物が合成されている．一部の酸素原子が窒素に置換されることで，従来のクラウンエーテルとは異なる錯形成能を示す．とくに多環式クリプタンドでは，分子内部空間に金属イオンを 3 次元的に取り囲むことができ，単環式のクラウンエーテルと比べて，数桁も高い配位能力を示す．この場合，クリプタンド内部空間のサイズと金属イオンのサイズとの相補性がきわめて重要となり，金属イオンに対して高い選択性が生まれる．すなわち，環のサイズによって最適な金属イオンが内部空間に取り込まれて，これより大きいカチオンや小さなカチオンのいずれも排除される．たとえば，図 2 のような二環式クリプタンドでは，環のサイズが大きくなるにつれて，もっとも強く結合す

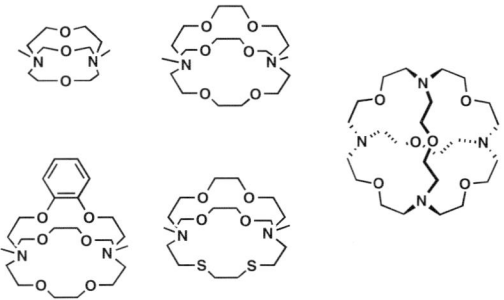

図 2　多環式クリプタンド

るイオンもリチウムからナトリウム，カリウムイオンの順に大きくなる．これらの金属イオン以外に，クリプタンドでは遷移金属イオンに対してもきわめて高い配位能を示し，カドミウムや水銀などの重金属イオンとも選択的に錯形成することができる．とくに，三環式クリプタンド（図2）では，窒素原子との水素結合形成や酸素原子との静電相互作用が可能で，四面体構造を有するアンモニウムカチオンを安定に内包することができる．このような特異な錯形成能に基づいたさまざまな分子素子や超分子ナノ構造がこれまでに報告されている．

3．シクロデキストリン類

　上述の大環状化合物以外に，D-ピラングルコースをモノマーユニットとしてもち，筒状分子であるシクロデキストリンが合成されている．図3のように，α-，β-，γ-シクロデキストリンはそれぞれ6，7，8個のグルコースユニットをもち，内部空孔もグルコースユニットの数に従いしだいに大きくなってくる．シクロデキストリンは外部側面およびサイズの大きな底面においては親水性であるが，筒の内部やサイズの小さな底面では疎水性という内外上下が異なる性質を示す．グルコースの6位に位置する水酸基を化学修飾することで，疎水性底面にアミノ基，アルデヒド基などの官能基を導入したシクロデキストリン誘導体が合成されている（図4）．これらの誘導体を用いて，1分子に2個のシクロデキストリン環をもち，橋掛け構造の異なるさまざまなビスシクロデキストリンが報告されている．これとは逆に，グルコースの2位や3位の水酸基を修飾することで，親水性の底面側にさまざまな官能基を導入することができる．

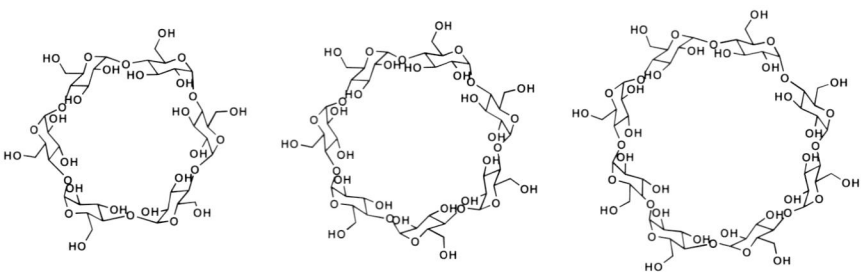

図3　サイズの異なるシクロデキストリン

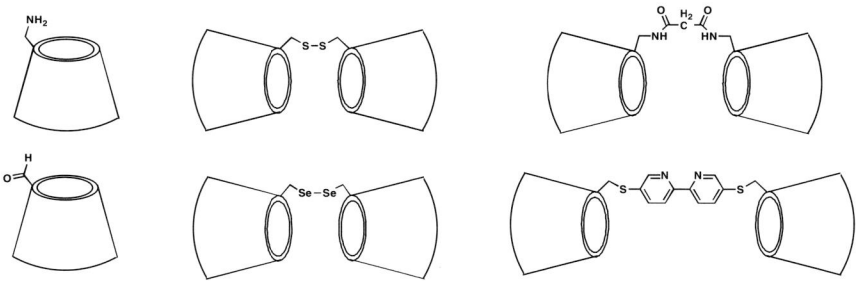

図 4 アミノ基やアルデヒド基を有するシクロデキストリンおよび 6 位で連結したビスシクロデキストリン

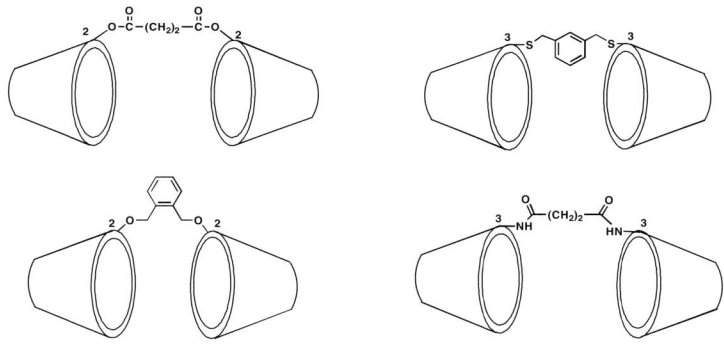

図 5 2 位,3 位で連結したビスシクロデキストリン

したがって,親水性底面が互いに向かいあっている構造をもつビスシクロデキストリンをつくることが可能である(図 5).

シクロデキストリンおよびその誘導体の空孔には疎水性環境があり,さまざまな中性分子や金属錯体を内包することができる.とくに両親媒性分子を容易に取り込むことが可能で,この場合,親水性部分が筒の外側に位置し,疎水性部分が筒の内部に入り込むように集合体を形成する.したがって,適切な長さをもち,両末端に親水性官能基をもつ両親媒性分子はシクロデキストリンの空孔を貫通し,ロタキサンを形成する(図 6).アゾベンゼンやスチルベンなどの外部刺激によって異性化反応が可能な分子をゲスト分子として用いると,ゲスト分子が光照射によってシクロデキストリン空孔内をシャトル運動するという,

14 Chap. 1 基本構造

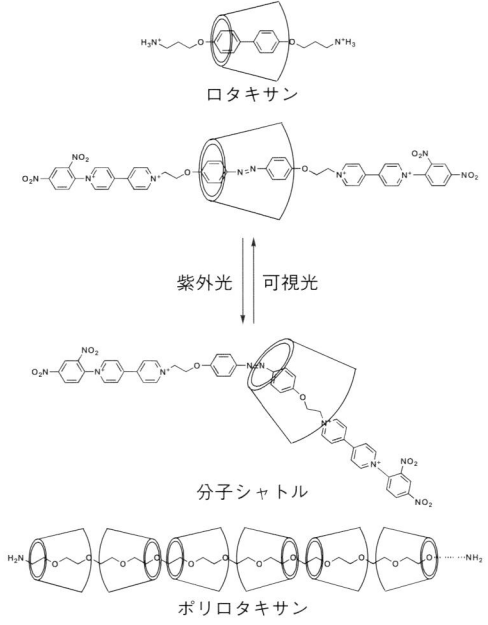

図 6 シクロデキストリンからなるロタキサン，シクロデキストリンからなる分子シャトル，およびシクロデキストリンからなるポリロタキサン

光で制御可能な分子シャトルが報告されている．上記と関連して，直鎖状ポリマーをゲスト分子として用いる場合，多数のシクロデキストリン環を有するポリロタキサンが報告されている（図 6）[3]．ポリマーとして，ポリエチレンオキシド，ポリオキシトリメチレン，ポリオキシテトラメチレン，ポリプロピレンオキシド，ポリパーフロロアルキルエーテル，ポリメチルビニルエーテル，ポリエステル，ポリアミド，ポリウレタン，ポリオレフィン，ポリシラン，ポリシロキサン，ポリチオフェン，カーボンナノチューブ，ポリアミンなどがあげられる．ポリマー分子の構造によっては，異なる空孔サイズを示す α-, β-, γ-シクロデキストリンが交互に並んだ擬似ポリロタキサンを作ることもできる．

4．カリックスアレーン類

アルカリ性条件下，4 位に置換基をもつフェノールはホルムアルデヒドとの

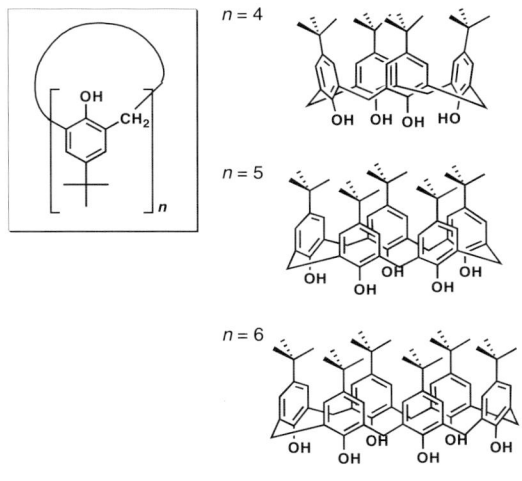

図 7 カリックス [n] アレーン

縮合反応により，フェニルユニットの 2, 6 位にメチレン基を介して互いに連結した環状オリゴマーを形成し，反応溶媒によっては特定のサイズをもつカリックス[n]アレーン（図 7. n（環内のフェノールの数）=3〜20. 通常では 4〜8) を選択的に合成することができる [4]．カリックス[n]アレーンは分子全体がカップの構造をもち，カップの内部では疎水性的な空間となっている．カリックス[n]アレーンの水酸基や 4 位に位置する官能基を容易に修飾することができ，これまでにさまざまなカリックス[n]アレーン誘導体が合成されている．上述のクラウンエーテルやシクロデキストリンと同様に，カリックス[n]アレーンはさまざまなゲスト分子と会合して超分子を形成する．とくに，有機ハロゲン系化合物との包接により水から有害のハロゲン系を効率的に除去することができる．また，種々の金属イオンと錯体を形成し，超分子触媒を提供する．また，カリックス[n]アレーンをビルディング・ブロックとして用いて，カテナンやロタキサンなどの超分子構造体も多く合成されている．

5. 環状ポリアミン類

以上の酸素原子を含む大環状化合物以外に，窒素を有する大環状ポリアミン類がホスト分子としてきわめて魅力的である（図 8）．クラウンエーテルとは異

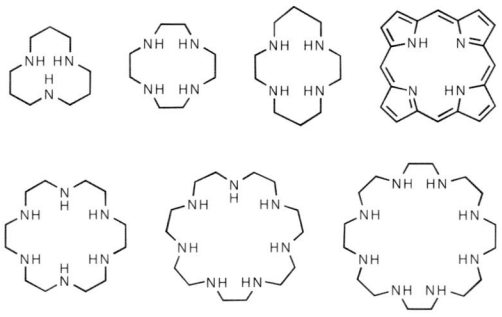

図 8 大環状ポリアミン

なり,環状ポリアミンは水中においても金属イオンに対してきわめて高い錯形成能を示し,亜鉛などの生体活性を示す遷移金属イオンとも安定な会合体を作る.また,炭酸アニオンやリン酸アニオンとも錯形成し,アニオン認識能ももちあわせる.これらの機能を利用して,大環状ポリアミンは細胞内における亜鉛イオンの超感度センシング,ATP 認識能,遺伝子導入,ドラッグデリバリー,アポトーシスなどの生体関連分野に大きく展開されている [5].

6. 自己集合錯体

上述の大環状化合物とは異なり,金属の配位結合を利用してさまざまな自己集合錯体や金属集積体が合成されている.配位結合を構築するためには,電荷をもたない中性配位子と負の電荷をもつアニオン性配位子を用いることが可能である [6].中性配位子は配位部位としてピリジンユニットやシアノ基をもつ(図 9).これに対して,アニオン性配位子はカルボン酸ユニットをもつ化合物が多い(図 10).いずれの場合も多数の配位部位をもち,またその形態を設計することで,これまでに 1 次元の直鎖状金属集積体,2 次元の平面状金属集積体,さらに 3 次元立体構造をもち,特有な形・サイズをもつ空孔やチャネル,チューブなど(図 11)の超分子自己集合錯体が報告されている [7].このような自己集合錯体を用いて,通常では不安定な無機・有機小分子を安定に内包することができる.また,それらが提供する精密空間はナノ反応場としてもきわめて魅力的である.

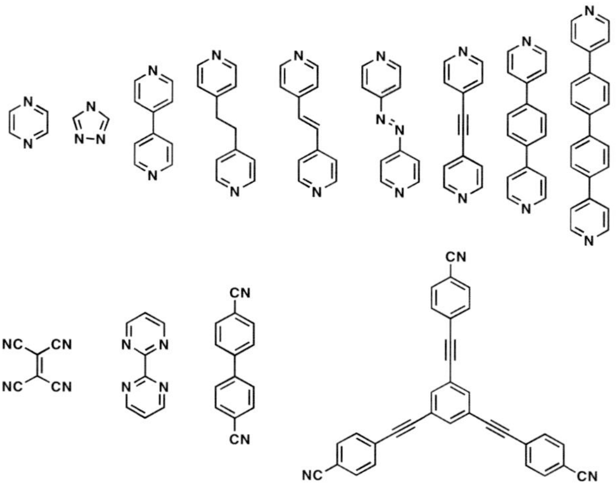

図 9　金属集積体を構築するための中性配位子

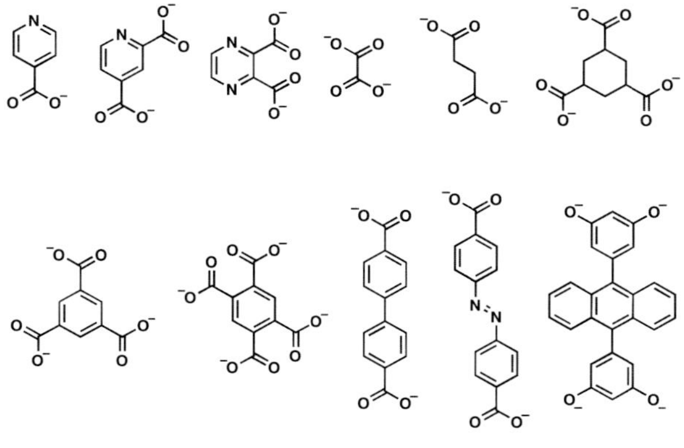

図 10　金属集積体を構築するためのアニオン性配位子

III. ナノチューブ

　ナノチューブは直径 1〜100 nm サイズのチャネル構造を有し，低次元性高軸比を特徴とする筒状分子や分子集合体である．構成成分によって無機ナノチューブ [8]，カーボンナノチューブ [9]，および有機ナノチューブ [10] の 3 種

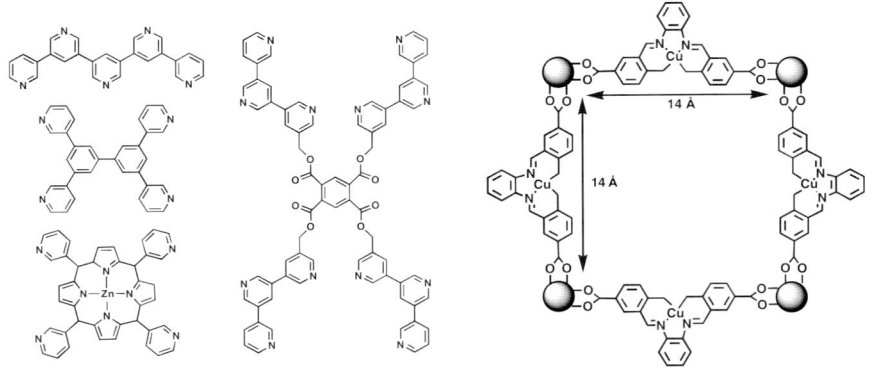

図 11 自己集合錯体を構築するための配位子と内部に空孔を有する超分子錯体

類に大きく分けることができる．無機ナノチューブは，バナジウムオキシドやマンガンオキシドなどの金属オキシド類や，硫化タングステン，さらに最近ではボロンナイトリドからなる例が報告されている．無機ナノチューブは，金属イオンがチューブの壁に位置していることから，新しい酸化還元触媒や電極材料として大いに期待されている．1991年に飯島により発見されたカーボンナノチューブ[9]は，グラフェンシートをある軸に沿って巻き上げた筒状ナノカーボンである．カーボンナノチューブは壁が単層のシングルウォールナノチューブと多層構造をもつマルチウォールナノチューブとに大きく分類することができる．また，対称性の観点からジグザグ型，キラル型，およびアームチェア型に分けることができ，その対称性はナノチューブの導電性を左右する．カーボンナノチューブはほとんどの溶媒に溶けないため，クロマトグラフィーなどを用いて対称性の異なるカーボンナノチューブを単離精製することが困難である．最近，カーボンナノチューブを可溶化するさまざまな試みがなされている．たとえば，ナノチューブのπ共役構造を利用して，大環状π電子系のポルフィリンやピレン，共役ポリマーとのπ-π相互作用を介して可溶化させることができる．これとは逆に，カーボンナノチューブの外表面に化学修飾により官能基を導入し可溶化させる研究がなされている．いずれも，ナノテクノロジーを担う有望なナノ素材として，基礎と応用の両面から注目されている．

上述の無機ナノチューブやカーボンナノチューブとは異なり，有機ナノチューブは，有機小分子や高分子をビルディング・ブロックとして用いて，自己組織化によって合成された超分子ナノチューブである．これまでに多くの有機ナノチューブが合成されているが，構成ユニットの構造的な共通の特徴として両親媒性があげられる．平面状 π 共役系両親媒性分子は，有機溶媒中において自己組織化しナノチューブを形成することが報告されている．リン脂質（図 12）の水溶液を冷却すると，直径約 500 nm のナノチューブを生成する．この場合，重合可能なジアセチレンユニットを有するため，光照射によってナノチューブの構造を固定することが可能である．興味深いことに，R 光学異性体を用いた場合，生成したナノチューブは右巻きのヘリックス構造をとる．一方，S 体を用いると，左巻きのヘリックス構造を示す．これと関連して，糖脂質の水溶液を冷却すると，直径が約 8～10 nm のナノチューブを生成する．ペプチド鎖をもつ両親媒性分子は直径が約 40 nm のナノチューブを形成する．小分子とは異なり，両親媒性高分子（図 12），たとえばロッド-コイル型ブロックポリマーやコイル-コイル型ブロックポリマーは，数十ナノメートルの直径をもつナノチュー

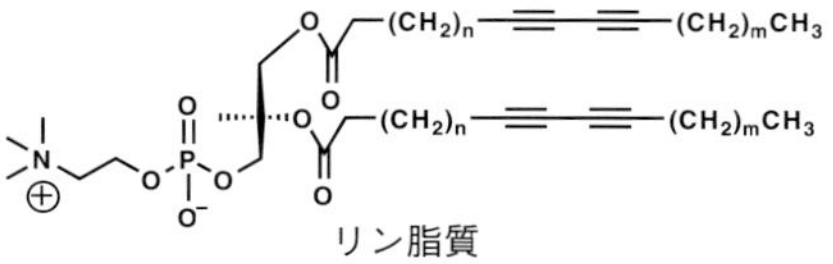

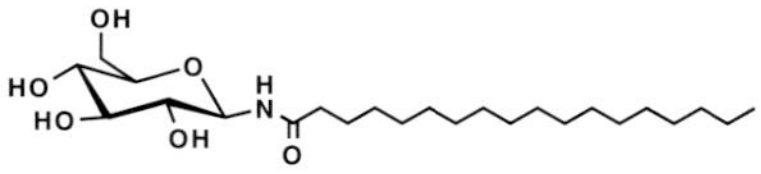

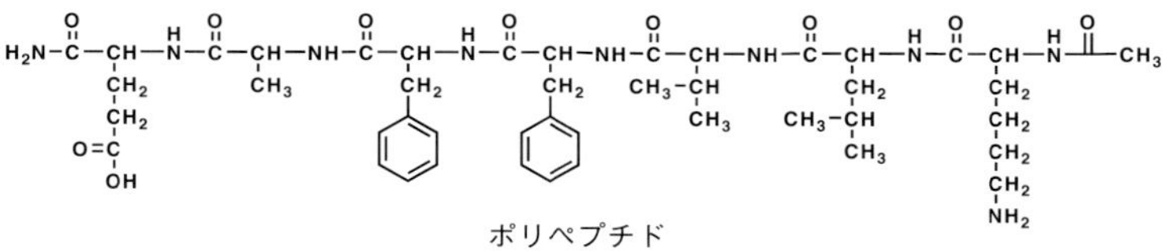

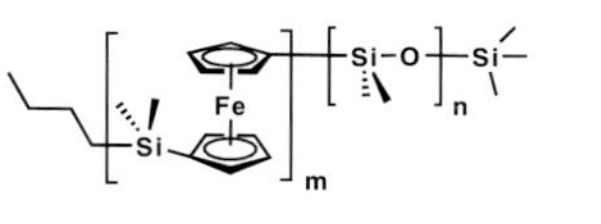

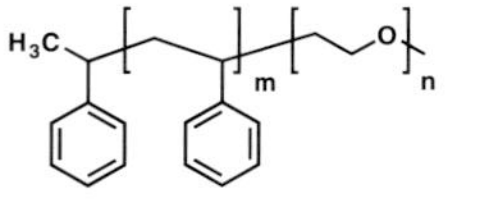

図 12　ナノチューブを形成する分子

ブを形成する．

IV．機能性有機モチーフとしてのデンドリマー

　デンドリマー（dendrimer．図13）は規則正しい枝分かれ構造を有する高分子であり，デンドロン（dendron；樹木）を語源とする．モノマーユニット（くり返し単位）を一段ずつ連結して合成していくので，分岐のルールが明確であり，かつ分子量のばらつき（分子量分布）をもたない．この点が，従来の多分岐高分子とは著しく異なる．デンドリマーの空間形状は，コアとなるユニットの形状を反映して，コーン状，ラグビーボール状，球状，または直鎖状となる．このように空間形状が明確な多分岐高分子はこれまでにはない．デンドリマーは，分子サイズを数～数十ナノメートルの範囲で制御することができる．ナノメートル領域の現象は，生体内のさまざまな反応と関連して重要であるが，化学的にも物理的にもアプローチが困難な領域である．このような観点から，デンドリマーは機能性ナノ材料を構築する上できわめてユニークな有機モチーフとして大いに注目されている．

1．デンドリマーの基本的特徴

　樹木状多分岐高分子であるデンドリマーは，コア，ビルディングブロック，および表面の官能基の3つの要素から構成され，以下の基本的特徴をもつ．

1) 分子量の分布が存在せず，単一の分子量をもつ．
2) コアユニットを反映した3次元的に明確な空間形態をとり，世代により分子サイズを調節できる．
3) ビルディングブロック，表面官能基により性質が変化する．とくに，溶解性は表面官能基によって大きく左右される．
4) スターポリマーと同様に，同じ分子量の鎖状高分子に比べて溶液粘度が低い．
5) コアから表面に向かうにつれて分岐の密度がしだいに大きくなっていくので，鎖の自由度が表面近傍ほど小さい．

　以上のように，デンドリマーは，合成的に1次元構造から3次元構造にいたるまでのあらゆる構造因子が完全に制御された精密合成高分子である．

2. 合成化学的なアプローチ

　デンドリマーの合成法は，大きく2つに分類される．すなわち，コアから表面に向かってデンドリマー組織を組み立てていくダイバージェント (divergent) 法 [11]，逆に，表面からコアに向かって合成していくコンバージェント (convergent) 法 [12] である．ダイバージェント法では，世代が増すにつれて表面の分岐密度が高くなるため，すべての反応性基が必ずしも反応できるとは限らず，結果として構造欠陥が生じやすい．すなわち，構造欠陥をもたない高世代のデンドリマーを合成することは困難である．一方，コンバージェント法では，反応性基近傍の分岐密度が常に低く保たれるため，構造欠陥が生じにくいという利点がある．また，仮に構造欠陥が生じても，欠陥をもたないデンドリマーとの分子量の差が大きいので，分離が容易である．しかし，世代が高くなると，反応性基の濃度が極端に低くなるので，反応の完結に長時間を要する．

　このように，デンドリマーは，合成化学的なアプローチがもっとも困難なナノメートル領域の構造を単一分子で提供する新しい高分子材料である．デンドリマーは，コアから表面まで完全に設計することができ，機能性ナノ材料を創出するためのモチーフとして，これまでの高分子にはない可能性が秘められている．

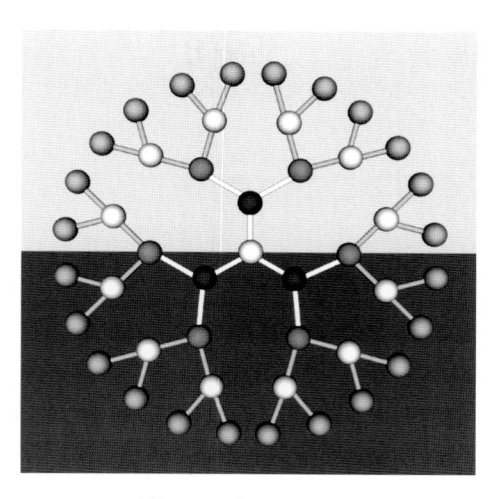

図 13　デンドリマー

3. デンドリマーの種類

　デンドリマーは原則的に官能基を自由自在に分子内のどの位置にも導入することができる．実際，これまでに多種多様な構成ユニットが用いられてさまざまなデンドリマーが合成されている．ここではくり返し構成ユニットの構造を基に，代表的な例を要約する．

A．ポリアミドアミンデンドリマー（PAMAM）

　ポリアミドアミンデンドリマー（図14）は，ダイバージェント法により合成された代表的なデンドリマーである[11]．まず，分子の中心となるユニットとしてエチレンジアミンを用いて，アクリル酸メチルとのマイケル型付加求核反応により4つの分岐末端にメチルエステルユニットを有するエチレンジアミン誘導体を合成する．次に，末端のメチルエステルユニットとエチレンジアミンとの反応によりアミド基を形成させ，分子の4つの末端をアミノ基に変換する．すなわち，上述の2つの反応を経由して，1つのアミン官能基から2つのアミノ

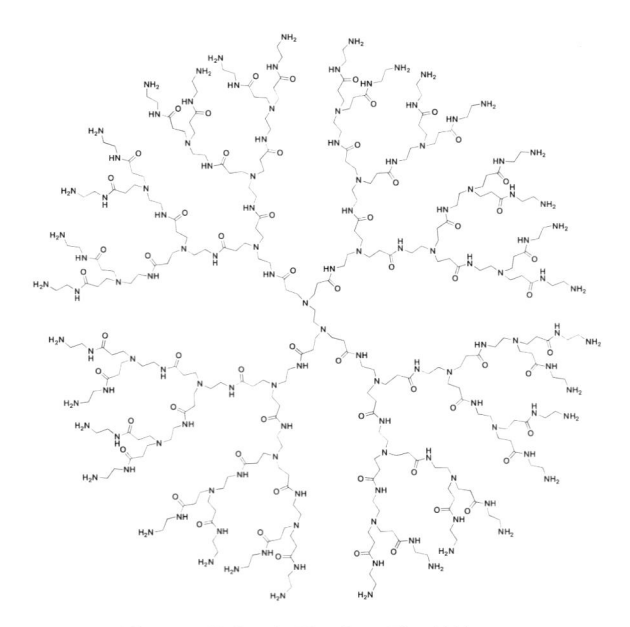

図14　ポリアミドアミンデンドリマー

官能基に成長させることができ，これにより分子に分岐を導入することができる．これらの2つの反応をくり返して行うと，高世代のポリアミドアミンデンドリマーが合成できる．したがって，ポリアミドアミンデンドリマーは外表面にアミノ官能基を数多く有し，分子内部にはアミド結合やアミン結合をくり返してもつのが特徴である．そのため，ポリアミドアミンデンドリマーは水溶性であり，メタノールなどの極性溶媒にもよく溶ける．現在，ポリアミドアミンデンドリマーは6世代まで市販されており，その外表面のアミノ官能基の修飾による機能化や，内部空間を用いた触媒機能の開拓などが検討されている．これと関連して，ダイバージェント法を用いて，構成ユニットとしてこれまでにポリアミン，ポリアミド，ポリアミノ酸，ポリ核酸が合成され，また，ケイ素，リン，ゲルマニウム，白金などの元素をもつデンドリマーも合成されている．

B．ポリベンジルエーテルデンドリマー

ポリベンジルエーテルデンドリマー（図15）はコンバージェント法により合成された代表的なデンドリマーである[12]．モノマーユニットとして3,5-ジヒドロキシベンジルアルコールや3,4-ジヒドロキシベンジルアルコール，3,4,5-トリヒドロキシベンジルアルコールなどを用いることで，分子に2分岐あるいは3分岐の枝分かれ構造を導入することができる．まず，外表面ユニットとなるベンジルブロマイド誘導体とヒドロキシ官能基の反応により，1世代のデンドロンベンジルアルコールを合成する．次に，ベンジルアルコールをベンジルブロマイドに変換させたのち，上述のモノマーともう一度反応させ，2世代のデンドロンベンジルアルコールへと誘導する．以上の反応をくり返すことにより世代の異なるデンドロンを合成することができる．得られたポリベンジルエーテルデンドロンを用いて，コアとなるユニットとのカップリング反応により，世代の異なるポリベンジルエーテルデンドリマーを合成することができる．この方法では，コアとなるユニットを自由自在に変えることができる．類似の方法により，ポリエステル，ポリアミド，ポリエーテル，ポリフェニルアセチレンなどの骨格を有するデンドリマーが合成されている．

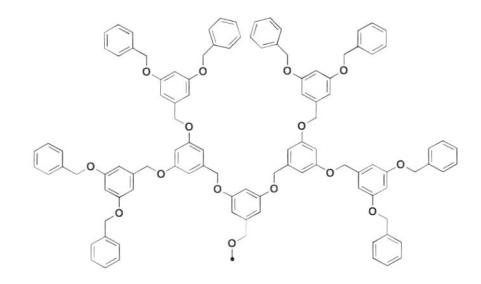

図 15　ポリベンジルエーテルデンドロン

4. 機能性デンドリマーの合成

　上述のように，一段ずつ連結してデンドリマーを合成していくことで，分子内に官能基を導入する場合，分子中心部位，ビルディングブロック，および外表面などの選択肢がある．また，合成方法によっては，異なる官能基を位置特異的に導入することが可能である．これとは異なり，デンドリマーの内部空間を利用して機能性ユニットを物理的に内包して機能をもたせる研究がなされている．また，デンドリマーそのものをビルディングブロックとして用いて，自己組織化により機能を発現させる手法が開拓されている．

5. 生体関連デンドリマー

　ダイバージェント法によって得られたポリアミドアミンデンドリマーの外表面に位置するアミノ官能基に，マルトースやラクトースなどの糖ユニットを導入して糖被覆デンドリマー（シュガーボール）が合成されている [13]．シュガーボールは，表面の糖鎖がレクチンと選択的に結合することで，赤血球の凝集を阻害することができる．シュガーボールとは異なるが，外表面にボロン酸ユニットを導入したデンドリマーは糖鎖を認識する機能を示す．

　ポリアミドアミンデンドリマーは外表面に位置するアミノ官能基が容易にプロトン化され，分子全体がカチオン性になる．静電相互作用によりポリカチオンデンドリマーが核酸と安定な複合体を形成する．この性質を利用して，遺伝子を細胞内に効率的送り込むことができる．この場合，デンドリマーのサイズが遺伝子導入効率に大きく影響を与える [14]．

IV. 機能性有機モチーフとしてのデンドリマー　25

　デンドリマーはその分子形態がタンパク質とよく似ていることから，人工タンパク質として機能することが期待できる．実際，ポリベンジルエーテルデンドリマーの中心部位に鉄ポルフィリンを導入したデンドリマー鉄ポルフィリン錯体を用いて，酸素貯蔵ヘムタンパク質の機能を実現することができる [15]．デンドリマー鉄ポルフィリンは水の存在下でも酸素分子を可逆的に吸脱着し，きわめて長寿命の酸素捕捉錯体を形成する．これに対して，デンドリマー組織をもたない鉄ポルフィリン錯体は，酸素分子を捕捉するやいなや，2分子反応により速やかに変質し，可逆的な酸素捕捉能を失う．すなわち，デンドリマーは活性中心の間の反応を抑制することができ，その内部空間が分子ナノフラスコとして機能できることを示唆している．

6. 触媒機能を有するデンドリマー

　もしデンドリマーの外表面に触媒活性中心を導入することができれば，従来の高分子担持触媒の活性点が高分子鎖の中に埋没してしまう欠点を克服することが可能となる．また，デンドリマーはナノサイズをもつため，反応後，系から容易に分離でき，再利用できる可能性が秘められている [16]．外表面にニッケル錯体を担持したデンドリマーは，炭素-炭素二重結合へのポリハロメタンの光付加反応であるカラーシ反応を触媒する．この場合，触媒活性は，非担持型のニッケル錯体に比べて30％程度低下するが，1：1付加物が選択的に生成する [17]．ポリアミドアミンデンドリマーの外表面にコバルトサレン錯体を導入したデンドリマーは協同作用を発現し，エポキシド誘導体の加水開環反応において片方のみの反応を促進し，結果としてラセミ体から98％という高い不斉収率（キラル化合物の互いに鏡像関係にある2つのエナンチオマーのなかで，多いほうのモル量から少ないほうのモル量を引いて全体のモル量で割った値）で不斉エポキシドを単離することができる [18]．上述のアプローチとは異なり，分子の中央部に触媒中心を導入したデンドリマーが合成されている．マンガンポルフィリンやコバルトポルフィリン誘導体をポリアリルエステルデンドリマーの中心部に導入したデンドリマーは，触媒として機能する [19]．

　ポリアミドアミンデンドリマーの内部のアミン官能基を利用して，サイズのきわめて均一な遷移金属ナノ微粒子を合成することができる．これまでに，白

金，パラジウム，および複合金属からなる金属ナノ微粒子が得られている．これらを用いてさまざまな反応を触媒することが報告されている [20]．

7. ドラッグをデリバリーするデンドリマー

デンドリマーは分子1つでナノサイズの球状構造を提供することができ，単一分子ミセルと見なすことができる．従来の自己組織化ミセルとは異なり，デンドリマーは共有結合でできているため，溶媒や温度，濃度などの外部条件が変わっても解離することなく，分子形態が常に保てるという著しい特徴を有する．その意味において，デンドリマーは新しいドラッグデリバリーシステムとして大いに期待される．従来の高分子とは異なり，デンドリマーはドラッグキャリアとして薬効成分の溶解性や血漿循環時間を改善するとともに，固形腫瘍を特定して選択的に薬物を送り込むことが可能である．デンドリマーは分子サイズが大きいため，血管からいったん漏出したら長期にわたって組織に停滞し，結果として薬効成分を位置特異的に蓄積することができる．従来の直線状高分子に比べて，デンドリマーは血中安定性も優れており，腫瘍への新しいドラッグデリバリーシステムとして魅力的である．

デンドリマーの内部空間を利用して物理的に薬効成分を内包する手法が検討されている．しかし，デンドリマーの内部から薬効成分を取り出すとき，これを制御して行うことが容易ではないという欠点が残る．これに対して，外表面に親水性 PEO 鎖を導入したデンドリマーは，分子の内部空間にドキソルビシン，5-フルオロウラシル，メトトレキセートなどの抗癌剤を捕捉して，かさ高いデンドリマー組織により外部への放出を制御して行うことができる [21]．

上述の非共有結合的なアプローチとは異なり，共有結合で抗癌剤をデンドリマーに付加する場合，いかにデンドリマーの外表面を生かすかが重要である．デンドリマーは世代により表面官能基の数を変えることができる．したがって，デンドリマー表面に導入される抗癌剤の量を変えることが容易である．さらに，生分解可能な官能基を化学結合に利用できれば，抗癌剤の放出速度を制御することが原理的に可能となる．ポリアミドアミンデンドリマーの外表面のアミンユニットを配位子として用い，シスプラチンを配位させることによりシスプラチンポリアミドアミンデンドリマーが合成されている．この場合，シス

プラチンの溶解性を向上することに加え，そのシステム毒性を改善し，固形腫瘍への選択蓄積性を高めることができる．

　光機能性デンドリマーの新しい応用として，光線力学治療分野での進展が注目されている．水溶性ポリベンジルエーテルデンドリマーの中心部に光機能性ユニットとして亜鉛ポルフィリンを有するデンドリマーポルフィリンが可視光を捕集し，光誘起電子移動を介して酸素から一重項酸素を作り出すことができる．一重項酸素は強い酸化力をもっており，癌細胞を破壊することができる．表面に電荷をもつデンドリマー亜鉛ポルフィリンを用いて細胞毒性が検討された結果，暗所下では，いずれも低い細胞毒性を示し，一方，光照射下では，強い細胞毒性をひきおこすことがわかった [22]．

8．光機能性デンドリマー
A．紫外光を捕集するデンドリマー

　光機能性分子の設計は，エネルギー変換・利用の観点からきわめて重要な課題である．植物や光合成バクテリアは多数のクロロフィル色素を空間特異的に配列した車輪状分子アレイを用いて，エネルギー密度が希薄な太陽光を巧みに集めている．そのような特異な空間形態によって，吸収された光エネルギーは効率的に反応中心に運ばれ，酸化還元反応を誘起する．樹木は太陽光の捕集に都合のよい形態をしているが，はたしてデンドリマーは樹木のように光を捕集できるのか？　分子中心部位にポルフィリンユニットを有するポリベンジルエーテルデンドリマー（図16）は，紫外光捕集アンテナとして機能する [23]．この場合，エネルギー移動効率はきわめて高く，80％と見積もられている．これとは対照的に，コーン状の分子形態を有するデンドリマーはいずれもエネルギー移動効率が低く，10〜35％である．これは，分子の空間形態が機能発現に決定的な影響を及ぼしているきわめて特異な例である．球状デンドリマーポルフィリンの場合，一重項励起エネルギーが隣接するデンドロンサブユニット間を高速で移動することができる．興味深いことに，生体系の光捕集アンテナ色素は，これと類似の原理により効率的なエネルギー変換を実現しており，この原理は，次世代の光エネルギー変換素子の開発にひとつの新しい指針を提供すると期待される．

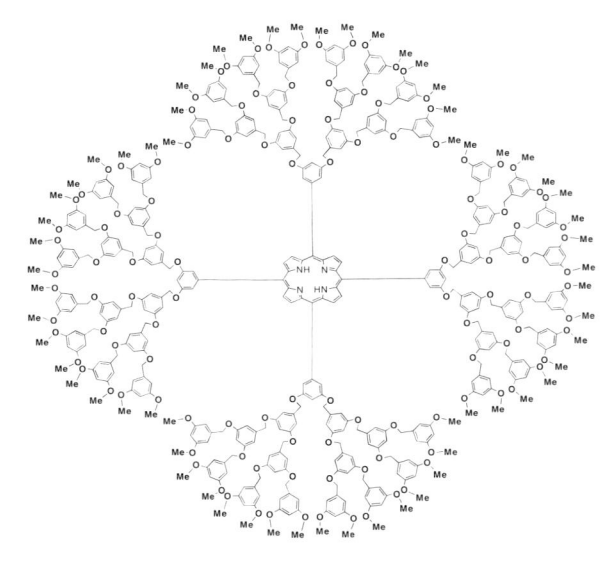

図 16 デンドリマーポルフィリン

　共役ポリマーは励起エネルギー・電子・ホールを運搬することができ，分子ワイヤーや有機発光素子として期待されている．また，これらの物理現象の基礎過程を研究する上でもきわめて有用である．しかし，多くの場合，ポリマー鎖どうしの分子間相互作用が強く，得られた情報をポリマーの構造と一義的に結びつけて議論することが容易ではなかった．ポリベンジルエーテルデンドリマーを用いてポリフェニレンエチニレンを被覆したロッド状分子ワイヤー（図17）が合成されている [24]．280 nm の紫外光を用いてデンドリマー組織を励起したところ，デンドリマー組織自身に由来する 308 nm の蛍光はまったく観測されず，その代りに，454 nm を中心とするワイヤー主鎖からの青色発光のみとなる．とくに，大きなデンドリマーアンテナを有する分子ワイヤーは紫外部に大きな光吸収断面積をもつため，ワイヤー主鎖を直接励起したときよりも強い蛍光を発する．すなわち，デンドリマー分子ワイヤーは，紫外から可視光までの幅広い波長領域の光子を効率よく捕集し，青い発光に変換できるユニークな分子ワイヤーであることを示している．
　希土類錯体はその蛍光バンドがきわめてシャープであるため，有機発光体や

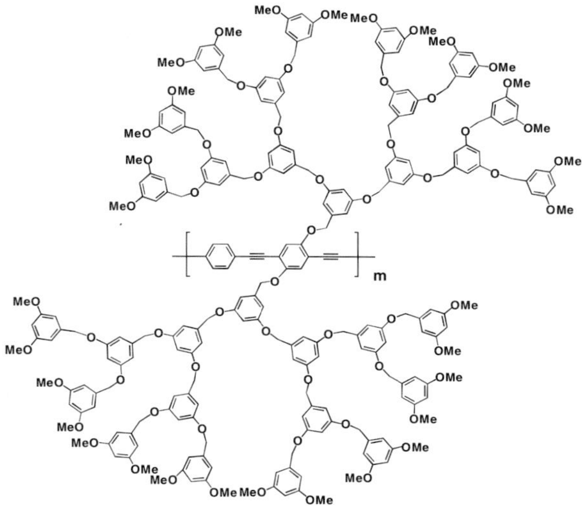

IV. 機能性有機モチーフとしてのデンドリマー　29

図 17　デンドリマー分子ワイヤー

EL・LED 素子として期待されている．しかし，多くの場合，これらの錯体は光吸収断面積が小さく，励起エネルギーが溶媒分子や分子衝突により容易に散逸してしまう．希土類錯体をデンドリマーのコアに取り囲む超分子デンドリマーが合成され，光捕集アンテナとして機能することが報告されている．サイズの大きなデンドリマー組織はコアを立体的に保護し，溶媒などによる蛍光消光を抑制することが可能である．280 nm の紫外線を用いてデンドリマー組織を励起すると，分子中心部に位置するテルビウムに由来する緑の蛍光が観察される．すなわち，デンドリマー組織で吸収エネルギーがテルビウムの発光に変換されるのである．

B．可視光を捕集するデンドリマー

　多数のポルフィリンユニットを有するマルチポルフィリンデンドリマーは，可視部に巨大な光吸収断面積をもち，可視光を捕集するアンテナとして機能する [25]．このデンドリマーはアンテナとして 28 個の亜鉛ポルフィリンユニットを樹木状に配列し，中心部位にポルフィリンフリーベースーをもつ巨大なポル

フィリンアレイである．可視光で周りの亜鉛ポルフィリンを励起すると，コアのポルフィリンに由来する強い蛍光が観察される．分子内エネルギー移動が約80％という高い効率でおこる．これに対して，コーン状の分子形態を有するデンドロンは，分子内エネルギー移動効率が19％しかない．このことは，可視部領域の光子に対しても，デンドリマーの分子形態が分子内エネルギー移動に著しく影響を及ぼしていることを示唆している．

可視光領域に強い吸収バンドを有するルテニウム[II]とオスミウム[II]の多核金属デンドリマーは，可視光アンテナとして機能する[26]．可視光で励起すると，ルテニウム錯体のみからなるデンドリマーは800nmを中心とした幅広い蛍光を発する．一方，デンドリマー外表面のルテニウム錯体を白金錯体に置き換えた複核金属錯体は，吸収したエネルギーを効率的にコアに送り込むことができ，オスミウム錯体のみから発光する．すなわち，この場合，外側からコアに向かって方向性をもった光励起エネルギー移動を実現しているのである[27]．

C．光・化学エネルギーを変換するデンドリマー

「人工光合成」は人類の夢であり，科学の永遠の課題である．光合成を人工的に実現するためには，電子を一方向に流すための仕組みが必要である．しかし，方向性をもった電子移動を実現することは容易ではない．それは，電子移動で生じた電子供与体のカチオンラジカルと受容体のアニオンラジカルとが，速やかに再結合するためである．この再結合により，いったんは移動した電子が次のステップにひき渡されることなく逆戻りしてしまう．この再結合を防ぐためのひとつのアプローチは，電子供与体と受容体を空間的に隔離することである．生体の光合成中心では，タンパク質の3次元構造の中に空間特異的に配置された電子伝達系を介して，電子移動が100％の量子収率でおきる．この意味においても，タンパク質に類似した3次元構造を有するデンドリマーには期待がもたれる．

外表面にカルボキシ官能基を有するポリベンジルエーテルデンドリマー組織で被覆したポリフェニレンエチニレン分子ワイヤー（図18）が合成されている[28]．この場合，デンドリマー組織が大きくなるにつれ，分子中心部に位置する共役鎖の発光能が著しく増大する．すなわち，かさ高いデンドリマー組織

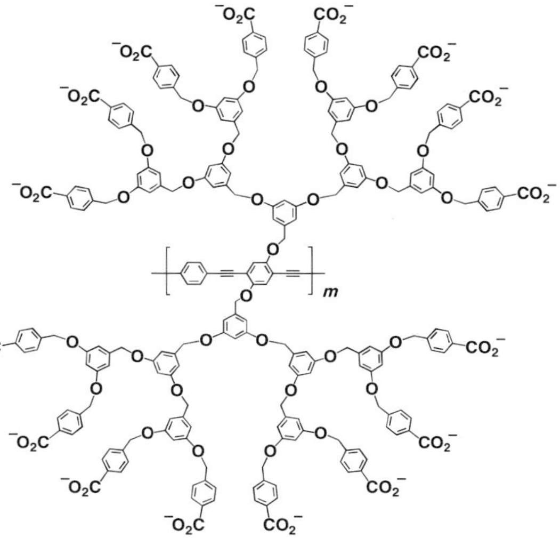

図 18 水溶性デンドリマー分子ワイヤー

は水中においても分子ワイヤーの会合を抑制し，励起状態の失活を防ぐことができることを示唆している．

　励起状態の失活が抑制された分子ワイヤーは，長寿命の電荷分離状態を実現することが期待できる．そこで，電子受容体としてデンドリマー表面と相補的な電荷を有するメチルビオロゲン（MV^{2+}）を添加すると，ワイヤー主鎖に由来する蛍光が著しく消光される．上述の蛍光消光が，分子ワイヤー主鎖から表面に捕捉されている MV^{2+} への光誘起電子移動に起因していると結論されている．

　光誘起電子移動がおこると，ワイヤー主鎖はホールに，一方，MV^{2+} は 1 電子還元体になる．この場合，ホールが共役ワイヤー主鎖中を移動することが可能であり，逆電子移動の抑制に寄与することが期待できる．ここに適切な電子供与体を共存させ，ホールをもったワイヤー主鎖に電子を再注入できれば，MV^{2+} への光触媒的電子移動を実現できる可能性が生まれる．電子供与体としてトリエタノールアミンを共存させ，可視光を連続的に照射すると，溶液の色が MV^{2+} の 1 電子還元体に特有な青色に変化する．すなわち，デンドリマー組

織を介して分子ワイヤーからデンドリマー表面に向かった効率的な長距離の光誘起電子移動がおきていることを意味している．長寿命の電荷分離状態の実現は，移動した電子を次の化学反応に利用できる可能性を生み出す．すなわち，人工光合成である．事実，この系に MV^{2+} の1電子還元体を餌に水を分解する白金コロイドを添加すると，水素が効率的に発生し，その量子収率は実用の第一関門である10％をこえている．これは，有機組織体からなる例としてはもっとも高い量子収率であり，応用面からも注目されている．

9. 磁気機能性デンドリマー

集積型金属錯体は，その多様な電子・光学・磁気的性質から，近年ますます高い関心を集めつつある．とくに，高・低スピン状態を転移するスピンクロスオーバー分子は磁気の性質や色などの著しい変化を伴うため，分子スイッチ，メモリ，ディスプレー材料などへの展開が期待されている．これまでにさまざまなスピンクロスオーバー分子が合成されたが，その多くは結晶工学や無機化学的なアプローチであり，そのスピン状態の制御は容易ではなかった．最近，無機化学と有機化学的なアプローチの融合により創出されたスピン活性ソフトナノマテリアルが注目されている．

長鎖アルキル鎖を有するトリアゾール誘導体をリガンドとして用い，鉄との配位重合反応により鉄-トリアゾール配位高分子が合成されている（図19）[29]．この場合，鉄が互いにトリアゾール配位子を介して架橋されているため，1次元硬直鎖を形成する．自己組織化状態では，長鎖アルキル鎖が入り込んだ構造を形成する．アルキル鎖が結晶化した状態では，鉄は低スピン状態にロックされる．一方，アルキル鎖が融解すると，鉄が高スピン状態に転移する．すなわち，鉄のスピン転移がアルキル鎖の相転移によって誘起されている．相転移温度はアルキル鎖の長さに大きく依存することから，アルキル鎖の長さで鉄のスピン転移温度をチューニングすることができる．これとは関連して，樹木状ユニットを導入したトリアゾール誘導体を用いて，デンドリマー鉄-トリアゾール配位高分子が合成されている（図20）[30]．裸の鉄-トリアゾール配位高分子とは異なり，デンドリマー配位高分子はさまざまな有機溶媒に可溶で，キャスティングにより容易に薄膜を作製できる．興味深いことに，この場合，デンド

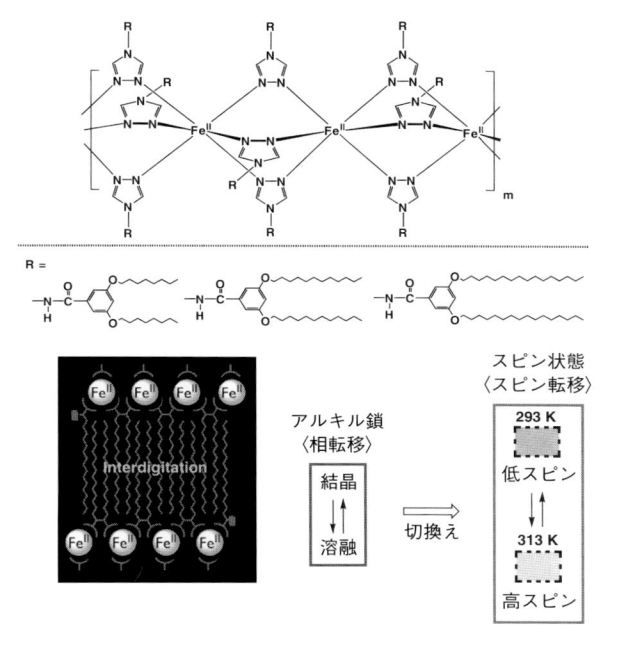

IV. 機能性有機モチーフとしてのデンドリマー 33

図 19 相転移に誘起されるスピン転移

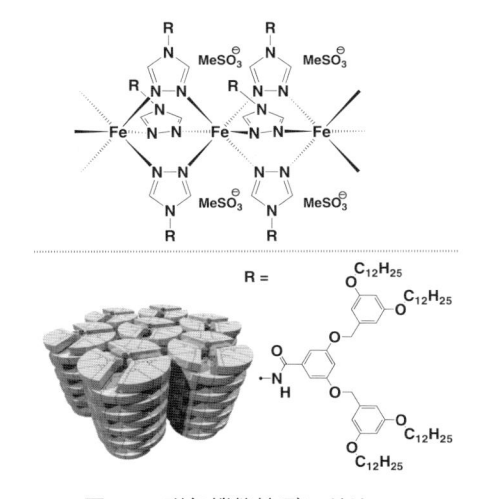

図 20 磁気機能性デンドリマー

リマー組織の協同作用により鉄の間ではドミノ効果が発現し，結果としてきわめて急峻なスピン転移をひきおこす．

●おわりに

上述のように，有機機能性分子や超分子，有機ナノチューブ，デンドリマーなどに代表される有機基本ユニットやナノ素材は，従来の低分子や鎖状高分子にはない設計の柔軟性と機能発現の多様性が秘められている．これらの分子群はナノマテリアルやナノ素子を構築する上できわめてユニークなモチーフとして，上述の領域にとどまらず，さまざまな境界領域への浸透が今後ますます盛んになると考えられる．

文献

[1] Lehn, J. M.: Supramolecular Chemistry: Concepts and Perspective, VCH (1995)
[2] Pederson, C. J.: *J. Am. Chem. Soc.*, **89**, 2495 (1967)
[3] Harada, A.: *Acc. Chem. Res.*, **34**, 456 (2001)
[4] Gutsche, C. D.: *Acc. Chem. Res.*, **16**, 61 (1983)
[5] Aoki, S., Kimura, E.: *Chem. Rev.*, **104**, 769 (2004)
[6] Kitagawa, S. *et al.*: *Angew. Chem. Int. Ed.*, **43**, 2334 (2004)
[7] Fujita, M. *et al.*: *Acc. Chem. Res.*, **38**, 371 (2005)
[8] Goldberger, J. *et al.*: *Acc. Chem. Res.*, **39**, 239 (2006)
[9] Iijima, S.: *Nature*, **354**, 56 (1991)
[10] Shimizu, T. *et al.*: *Chem. Rev.*, **105**, 1401 (2005)
[11] Fréchet, J. M. J., Tomalia, D. (eds.) : Dendrimers and Other Dendritic Polymers, John Wiley (2001)
[12] Grayson, S. M., Fréchet, J. M. J.: *Chem. Rev.*, **101**, 3819 (2001)
[13] Majoral, J.-P., Caminade, A.-M.: *Chem. Rev.*, **99**, 845 (1999)
[14] James, T. D. *et al.*: *Chem. Commun.*, **75** (1996)
[15] Jiang, D.-L., Aida, T.: *Chem. Commun.*, **1523** (1996)
[16] Astruc, D., Chardac, F.: *Chem. Rev.*, **101**, 2991 (2001)；van Heerbeek, R. *et al.*: *Chem. Rev.*, **102**, 3717 (2002)
[17] Knappen, W. J. *et al.*: *Nature*, **372**, 659 (1994)

[18] Breinbauer, R., Jacobsen, E. N.: *Angew. Chem. Int. Ed.*, **39**, 3604 (2000)
[19] Bhyrappa, P., *et al.*: *J. Am. Chem. Soc.*, **118**, 5708 (1996)；Uyemura, M., Aida, T.: *J. Am. Chem. Soc.*, **124**, 11392 (2002)
[20] Crooks, R. M. *et al.*: *Acc. Chem. Res.*, **34**, 181 (2003)；(b) Ooe, M. *et al.*: *J. Am. Chem. Soc.*, **126**, 1604 (2004)
[21] Kojima, C. *et al.*: *Bioconjug. Chem.*, **11**, 910 (2000)
[22] Zhang, G. D. *et al.*: *J. Control. Release*, **93**, 141 (2003)
[23] Jiang, D.-L., Aida, T.: *J. Am. Chem. Soc.*, **120**, 10895 (1998)；Jiang, D.-L., Aida, T.: *Nature*, **388**, 524 (1997)
[24] Sato, T., Jiang, D.-L., Aida, T.: *J. Am. Chem. Soc.*, **121**, 10685 (1999)；Li, W.-S., Jiang, D.-L., Aida, T.: *Angew. Chem. Int. Ed.*, **43**, 2943 (2004)
[25] Choi, M.-S. *et al.*: *Angew. Chem. Int. Ed.*, **40**, 3194 (2001)；(b) Choi, M.-S. *et al.*: *Chem. Eur. J.*, **8**, 2667 (2002)
[26] Serroni, S. *et al.*: *J. Am. Chem. Soc.*, **116**, 9086 (1994)
[27] Sommovigo, M. *et al.*: *Inorg. Chem.*, **40**, 3318 (1998)
[28] Jiang, D.-L. *et al.*: *J. Am. Chem. Soc.*, **126**, 12084 (2004)
[29] Fujigaya, T., Jiang, D.-L., Aida, T.: *J. Am. Chem. Soc.*, **125**, 14690 (2003)
[30] Fujigaya, T., Jiang, D.-L., Aida, T.: *J. Am. Chem. Soc.*, **127**, 5484 (2005)

Chapter 2

ナノスケール構造
高次構造
ミセル，コロイド，ナノファイバー

大塚英典・片岡一則

● はじめに

　"メディカルナノテクノロジー"は科学技術におけるひとつの中心的課題になりつつある．ここで得られる結果は，とくに医療応用分野においては，癌，組織変性疾患，そのほか種々の疾病治療に対する革新的技術を実現するものと考えられる．これらの実現を可能とする材料技術としては，さまざまな形状をもつナノスケール高次構造体としての分子組織体が盛んに研究されている．そこで，まず初めにその分子組織体の歴史と基本について述べる．次に，高分子集合体によるドラッグデリバリーシステム（DDS），遺伝子治療に向けた人工ベクター設計，ハイスループットスクリーニング（HTS）や，細胞・組織標識など画像技術に基づく早期診断などのための材料設計と特徴についてそれぞれまとめることにする．

　よく知られているように，19世紀中頃Grahamが膠（にかわ）などの水溶液を研究し，コロイド，ゾル，ゲルをはじめ多くのコロイド科学上の概念をそれらの名称とともに提唱した．彼はどちらかというと，物性面からこれらの対象を取り扱っている．これに対して構造論的見方もあるわけで，Nägeli（1858）は物質内部に微細な分子会合組織「ミセル」の存在を仮定し，たとえばゾルのこ

図 1　界面活性剤分子の模式図

とをミセル溶液，ゲルのことをミセル結合体などと述べた．

　Nägeli のゾルおよびゲルはデンプン，セルロースなどの高分子化合物を主成分とするが，多くの低分子化合物も溶液濃度の濃淡に応じてゲル，ゾル状態になる．セッケン水溶液が高濃度において種々のゾルおよびゲル（結晶）状態を示すことは古くから知られている．かなりの低濃度でも，それが単純な溶液でないことが洗浄作用などから予想され，多くの物理化学的測定がなされた．とくに近年では，高分子化合物の示す界面活性的性質が熱力学的に安定であることから，バイオ・環境分野への応用において革新的な進歩を遂げている．本章ではとくにこの現状について詳述するが，その基本となる低分子界面活性剤について整理する．では，その低分子化合物を構成する物質の特徴と化学構造は詳細にはどのようなものであろうか．一般に，2つの相の界面へ集まって界面の性質を変える物質を界面活性物質とよぶ．界面活性物質は低濃度において溶媒の表面張力を大きく下げる．界面活性物質の中で，実用上有意義なものを界面活性剤といい，石鹸，洗剤，乳化剤，分散剤などは界面活性剤である．

　界面活性剤の分子は，図1に示すように一般に疎水基と親水基からなる．つまり，水と油の両方の媒質に馴染む部分からできた両親媒（amphihilic）性構造といえる．以下にこのような界面活性剤の性質ならびに利用について述べる．

I. 界面活性剤とミセル

1. 界面活性剤の分類と性質

　界面活性剤分子は溶液中で解離してイオンになるか，ならないかで一般に分類される．すなわち，イオン性と非イオン性に分けることができる．イオン性はさらに陰イオン性，陽イオン性，ならびに両性として区別される．また，解

表 1　界面活性剤の分類

陰イオン性	カルボン酸塩	R-COONa
	スルフォン酸塩	R-SO$_3$Na
	硫酸エステル塩	R-OSO$_3$Na
	リン酸エステル塩	R-OPO$_3$Na$_2$
陽イオン性	第一級アミン塩	R-NH$_2$·HCl
	第二級アミン塩	R–N(CH$_3$)H·HCl
	第三級アミン塩	R–N(CH$_3$)$_2$·HCl
	第四級アンモニウム塩	R–N$^+$(CH$_3$)$_3$·Cl$^-$
両性	アルキルベタイン	R-N$^+$-(CH$_3$)$_2$CH$_2$COO$^-$
	スルフォベタイン	R-N$^+$-(CH$_3$)$_2$(CH$_2$)$_x$SO$_3^-$
非イオン性	ポリオキシエチレンアルキルエーテル	R-O-(CH$_2$CH$_2$O)$_n$H
	ポリオキシエチレングリコールエステル	R-COO-(CH$_2$CH$_2$O)$_n$H

離した界面活性剤イオンの相手のイオンは対イオンとよばれ，Na$^+$，K$^+$，Cl$^-$，Br$^-$ が多い．表1に代表的な界面活性剤を分類しておく．また，疎水基の種類の違いから炭化水素系，フッ化炭素系，シリコン系界面活性剤に，さらに分子量の違いにより低分子系，オリゴマー系，高分子界面活性剤に分けられる．

　界面活性剤水溶液の表面張力は界面活性剤の濃度の増加に伴い低下していく．これは界面活性剤分子が気-液界面に吸着することによって生じる現象であり，定量的な取り扱いは Gibbs により行われた．

$$\varGamma = -(c/RT)(d\gamma/dc)$$

ここで，γ：表面張力，T：絶対温度，c：濃度，R：気体定数，$\varGamma$：表面吸着量である．上の Gibbs の吸着等温式から気-液界面での界面活性剤分子の飽和吸着量が求められる．Rosen [1] はこの飽和吸着量（$\varGamma_m$, mol/cm^2）を"吸着の効果"とよび，泡立ち，ぬれ，乳化などの界面活性剤の諸性質を決定する重要な

表 2 気-液界面における Γ_m, pC_{20} の値

界面活性剤	温度(℃)	Γ_m (mol/cm² × 10¹⁰)	pC_{20}	文献
$n\text{-}C_{10}H_{21}SO_4^-Na^+$	27	2.9	1.89	2,3
$n\text{-}C_{12}H_{25}SO_4^-Na^+$	25	3.16	2.51	4
$n\text{-}C_{14}H_{29}SO_4^-Na^+$	25	3.7	3.1	5
$n\text{-}C_{10}H_{21}SO_3^-Na^+$	25	3.22	1.69	4
$n\text{-}C_{12}H_{25}SO_3^-Na^+$	25	2.93	2.36	4
$n\text{-}C_{14}H_{29}N(CH_3)_3^+Br^-$	30	2.7	—	6
$C_8H_{17}Pyr^+Br^-$	20	2.3	1.28	7
$C_{12}H_{25}Pyr^+Br^-$	25	3.3	2.33	8
$C_{10}H_{21}N^+(CH_3)_2CH_2COO^-$	23	4.15	2.59	9
$C_{16}H_{33}N^+(CH_3)_2CH_2COO^-$	23	4.13	5.54	9
$C_{12}H_{25}CH(Pyr^+)COO^-$	25	3.57	3.98	10
$C_8H_{17}OCH_2CH_2OH$	25	5.2	3.17	11
$C_{10}H_{21}(OC_2H_4)_8OH$	25	2.38	4.20	12
$C_{12}H_{25}(OC_2H_4)_8OH$	25	2.52	5.20	13
$C_{14}H_{29}(OC_2H_4)_8OH$	25	3.43	6.02	12

因子を示すことになる．さらに，Rosen は"吸着の効果"を溶媒の表面張力を $20\,\text{mN/m}$ 下げるのに必要な界面活性剤の濃度，$-\log C = pC_{20}$ として表した．表2にいくつかの界面活性剤の Γ_m，pC_{20} を示す．直鎖の炭化水素系界面活性剤で炭素数が10を超えると"吸着の効果"はほとんど変化しない．疎水基としてのフェニル基はメチレン基の3.5倍に相当する．また，親水基の位置が直鎖の中央にあろうが末端にあろうが"吸着の効果"はあまり変わらないが，疎水基の分岐はその効果を少し弱める．

イオン性界面活性剤の場合，対イオンの役割が重要であり，小さな水和半径をもつ Cs^+，K^+，NH_4^+ は強く活性剤分子に結合するので，Na^+，Li^+，F^- などの対イオンをもつ界面活性剤に比べて"吸着の効果"は大きくなる．また，電解質を添加すると，気-液界面での活性剤分子どうしのイオン的反発が減少するので"吸着の効果"は増加する．ポリオキシエチレン基をもつ非イオン性界面活性剤では，オキシエチレン基の長さが増加すると"吸着の効果"は減少する．これはオキシエチレン鎖の絡みあいにより界面活性剤の占有面積が増えるためである．温度を上げると界面活性剤分子の熱運動が増えるために"吸着の

"効果"は減少するようになる．

一方，pC$_{20}$ の値で評価される"吸着の効果"は次の因子により増加する．a) 疎水鎖の炭素数の増加，b) 炭素数が同じときには分岐したアルキル鎖よりも直鎖の界面活性剤，c) 親水基が中央にあるものより疎水鎖の末端にあるもの，d) イオン性よりも非イオン性または両性界面活性剤，e) イオン性の場合，水和半径の小さい対イオンをもつ界面活性剤，またはイオン強度の増加など．さらに 10〜40℃ の温度範囲において，ポリオキシエチレン鎖をもつ非イオン性界面活性剤の"吸着の効果"は温度の上昇につれて向上するが，イオン性や両性界面活性剤では低下する（曇点とクラフト点に関係）．

2．ミセルの性質

界面活性剤の濃度を増加していくと，図 2 に示すようにある臨界ミセル濃度（critical micelleconcentration；cmc）で諸物性が変化する [14]．これは多数の界面活性分子が急速に会合してミセル（micelle）という分子会合体を形成するためである．界面活性剤の親水基をミセル表面に向け，疎水基はミセル内部に向けて配列して液体炭化水素コアを形成する．いままでに多くの研究者によって界面活性剤分子の構造と cmc の関数が調べられてきた．その実験式は次のように表せる [15]．

$$\log(\mathrm{cmc}) = A - BN$$

ここで A，B は同属体において定数，N は界面活性剤分子の疎水基の炭素数である．表 3 にいくつか例をあげておく．この表から，cmc を 10 分の 1 に減少させるには，イオン性の場合，疎水基におよそ 3 つのメチレン基を増やし，非イオン性では 2 つ増やせばよいことがわかる．また，ミセルの形成は疎水基の大きさ，親水基の種類，種々の添加物の影響を大きく受ける．ミセルの形状として球状ミセル，楕円状ミセル，棒状ミセルなどが知られている．一般にイオン性界面活性剤のミセルの会合数は小さく，数〜100 前後であるが，非イオン性界面活性剤の会合数は大きく，たとえば C$_{12}$H$_{25}$(OCH$_2$OCH$_2$)$_6$OH のミセルは 25℃ で約 200 である．

ミセルの大きな特徴としては，水に不溶または難溶性の物質，たとえば炭化

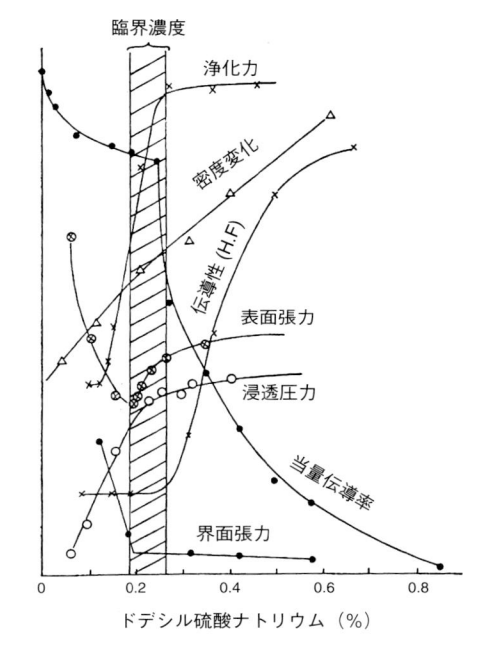

図 2 ドデシル硫酸ナトリウムの cmc 付近での諸物性の変化

表 3 関係式 $\log(\text{cmc}) = A - BN$ の定数

界面活性剤	温度 (℃)	A	B	文献
カルボン酸塩 (-COONa)	20	1.85	0.30	16
硫酸エステル塩 (-OSO$_3$Na)	60	1.35	0.28	17
アルキルベンゼンスルフォン酸塩 (-SO$_3$Na)	55	1.68	0.29	18
アルキルトリメチルアンモニウムブロマイド	25	2.01	0.32	19
アルキルピリジニウムブロマイド	30	1.72	0.31	6
$n\text{-}C_nH_{2n+1}N^+(CH_3)_2CH_2COO^-$	23	3.17	0.49	9
$n\text{-}C_nH_{2n+1}(OC_2H_4)_6OH$	25	1.82	0.49	17
$n\text{-}C_nH_{2n+1}(OC_2H_4)_8OH$	25	1.89	0.50	12

水素,長鎖アルコール,脂肪酸,フェノール,不溶性色素などを透明に,しかも安定に溶解するという重要な性質を示すことである.このような現象を可溶化 (solubilization) といい,このような性質を有する物質を可溶化剤 (solubilizer),可溶化される物質を被可溶化物 (solubilizate) とよぶ.親水基が同じ界面活性

剤の場合，可溶化能は炭化水素鎖が長いほど大きくなる．また，同じ疎水基をもつ界面活性剤では親水基，対イオンなど cmc およびミセルの大きさに差を生じるような因子は当然可溶化能にも影響を与える．さらに，第3物質の添加や濃度によりミセルの大きさが変化するので可溶化能も変わる．

このようなミセルの分子構造的性質に由来する可溶化能の性質は，高分子ミセルにおいては熱力学的に安定（モノマー-ミセル間の動的平衡が数日間にわたる場合もある）なことから，さらに大きな可能性を広げている．

3. 高分子ミセルによるドラッグデリバリーシステム（DDS）

体内における薬物の分布制御を通して，その副作用を抑制しすぐれた薬効を実現するのがドラッグデリバリーシステム（drug delivery system；DDS）の究極的目標であるが，そのためには疾患部位の細胞の特異性や，そこへ到達するまでの経路である血管系，それらと疾患部位との相互作用，薬物代謝などさまざまな要因あるいは障害を考慮する必要がある．筆者らは，抗癌剤をこれら体内の性質を巧みに利用して癌組織に高効率で送達する DDS を実現する薬物キャリアの開発に成功しており，このブレイクスルーは遺伝子ベクター（遺伝子を目的部位に運ぶための担体）開発の基礎となっている [20, 21]．よって合成高分子による抗癌剤キャリアの基本設計について述べることにする [22]．

高分子化学の分野では，近年，溶液中での分子間相互作用を制御することによって調製される超分子会合体に関する研究が盛んであるが，この一因はウイルスやリポタンパク質に代表される天然の超分子会合体にヒントを得て，その構築原理を手本とした材料を設計しようとする積極的な動きにある（bioinspired material design）．ウイルスやリポタンパク質はメゾスコピックスケール（10～100 nm）を有するのみでなく，複数のドメインからなる多層構造を構築することにより，1つの構造内に分子認識能や分子担持能などの役割分担の異なる機能ドメインを共存させることが可能である．このような構造的特徴はドラッグデリバリー用ナノカプセルの開発という観点からも非常に興味深い．

合成高分子が形成する超分子会合体の典型的な例としては高分子ミセルがあげられる．とくに，性質の異なる複数のポリマーセグメントを連結させた形の共重合体であるブロック共重合体あるいはグラフト共重合体が選択溶媒中で会

合することによって形成する高分子ミセルは，ドメイン構造の構築が明確であり，自然界の超分子会合体と構造的特徴を共有している．グラフト共重合体では主鎖とグラフト鎖の溶解性が異なる場合（水溶液中では親水性と疎水性），またブロック共重合体ではブロックの構成連鎖間の溶解性が異なる場合，多分子が会合することにより不溶性連鎖を内核に，可溶性連鎖を外殻とするミセル構造を形成する．このような自発的会合は，不溶性連鎖と溶媒とが接触する表面積を減少させることによる界面エネルギーの減少（会合を促進する駆動力）と，ドメイン内での高分子鎖の伸長に基づくエントロピー減少（会合を抑制する駆動力）のバランスにより制御されており，系全体の自由エネルギーが低下するように進行する．

たとえば，親水性のポリエチレングリコールと，抗癌剤であるドキソルビシンをアミド結合により担持したポリアスパラギン酸とのブロック共重合体による高分子ミセルは，内核が親水性の外殻によって覆われているため，外界から隔絶されたミクロ環境を構成し，薬物のリザーバーとして機能する．一方，親水性連鎖が密集した外殻はミセルの分散安定性を保障し，また立体反発効果に基づいてタンパク質などの生体成分の非特異的吸着を抑制する．このことは薬物キャリアが体内において異物として認識され，肝臓や肺などに局在する貪食細胞（細網内皮系；RES）によって処理されてしまうことを巧みに回避するのに寄与している．リポソームやミクロスフィアなどの微粒子型キャリアを用いた場合には，RESによる貪食作用が顕著となり，有効な薬物デリバリーが期待されない．一方，血管内腔から疾患部位への薬物の移行についてであるが，腫瘍組織は正常組織に比べ毛細血管壁の透過性が高いことが知られており（EPR効果），数十nmというサイズの高分子ミセルは血管外への漏出が十分可能となるが，正常組織では毛細血管壁の高分子量物質に対する透過性は低いため，高分子ミセルの透過性は著しく抑制される．その結果，高分子ミセルの腫瘍（固形癌）への高い選択的集積性が実現されることとなる．

4．ポリイオンコンプレックス（PIC）ミセル

抗癌剤内包高分子ミセルはその駆動力が疎水性相互作用であるため，水溶性で荷電を有するDNAをそのままの形で内核に担持することは困難であり，従

来の高分子ミセルの形成原理を拡張する必要があった．従来型の高分子ミセルの形成原理は疎水性連鎖が水との界面エネルギーを減少させるために凝集していく一方，親水性連鎖が疎水性連鎖からなる内核を覆うことにより過度の凝集を抑制し，粒径数十 nm のコア-シェル型ミセルを形成するというものであった．この凝集の駆動力として静電相互作用を適用する試みがなされ，陽イオン性ブロック共重合体としてポリエチレングリコール（PEG）とポリリシンからなるブロック共重合体 [PEG-P(Lys)] と陰イオン性ブロック共重合体として PEG とポリアスパラギン酸からなるブロック共重合体 [PEG-P(Asp)] との会合体形成が確認されている．[23] この高分子ミセルは濃度を 1.0 wt ％まで増加させても粒径変化を示さず，そのゼータ電位もほぼゼロであることから，表面が電気的に中性な PEG 鎖によって覆われ，立体的に安定化されたコア-シェル構造を有していることが示唆された．このような高分子ミセルは，内核が互いに反対荷電を有するポリイオン連鎖から形成されるポリイオンコンプレックスであることから「ポリイオンコンプレックス（PIC）ミセル」とよぶことができる．

この PIC ミセルの形成原理は，負電荷を有する DNA を内核に担持した高分子ミセルを形成する際の原理にも通ずるものである．このようなポリイオン複合体形成による非ウイルス型遺伝子ベクター開発は，われわれのグループのほかにも，陽イオン性脂質や陽イオン性ポリマーを用いる試みがなされているが [24-26]，これらの系では *in vitro*（体外で）においては優れた遺伝子発現効果を発揮するものの，*in vivo*（体内で）において実用可能なシステムは報告されていないのが現状である．これらのうちの多くは，各々の電荷を打ち消しあう条件で調整した際に溶解性が低下し，大きな凝集体や沈殿を形成してしまい，*in vivo* のみならず *in vitro* でも取り扱いが困難となる．そのため複合体の水溶性を向上させるために，陽イオン性脂質や陽イオン性ポリマーを DNA に対し過剰に加えることにより，電荷のバランスを崩した複合体を調製している．このような非量論的複合体は，水溶性は向上するもののゼータ電位が正であるために，生体内に投与したときには主として肝臓による非特異的取込みが顕著となり，*in vivo* 遺伝子治療には不適当である．

このような問題点を克服するために，親水性連鎖と荷電連鎖からなるブロック共重合体やグラフト共重合体と DNA との間での複合体形成を利用して PIC

ミセルを形成させ，これを遺伝子ベクターとして利用する試みが注目を集めている．国内外の遺伝子ベクターとしての PIC ミセルの研究について，表4にまとめる．この表より，遺伝子ベクターとしてさまざまな陽イオン性ポリマーと親水性ポリマーの組合せが用いられていることがわかる．これらの PIC ミセルにおいては，DNA はミセル内核に配置され，その周りを親水性ポリマーが覆うという構造的特徴を有するため，コンプレックスの溶解性が向上し，かつ生体組織との非特異的相互作用が抑制されることが期待される．すなわち前述の制癌剤キャリアで実証された利点が，遺伝子デリバリー用キャリアにおいてもそのまま生かされることが期待できる．

　ブロック共重合体の成分として用いられている陽イオン性ポリマーの中でもポリ (L-リシン) とポリエチレンイミンは，それ自身，DNA とのコンプレックス形成が詳細に調べられている系である．ポリ (L-リシン) と DNA とのコンプレックスはすでに 1970 年代からクロマチン構造のモデル化の観点から検討が行われており，ほかの陽イオン性ポリマーに比べてコンプレックス形態などの知見が豊富である．一方，ポリエチレンイミンは最近になって遺伝子ベクターとして注目されはじめた陽イオン性高分子である [44]．その最大の特徴は，見かけの pK_a が生理的 pH である pH 7.4 付近であることである．そのため，複合体が細胞内エンドソームに取り込まれた際にポリエチレンイミンのアミノ基がバッファーとして働いて（プロトンスポンジ効果あるいはバッファー効果），エンドソーム内の pH 低下を防ぎ，かつイオン浸透圧に基づくエンドソーム膜の脆弱化をひきおこす．これを利用して，DNA を効率よくエンドソームから細胞質内へと移行させることができると考えられている．以上の観点から，DNA と複合体形成を行うブロック共重合体あるいはグラフト共重合体は，これら 2 つの陽イオン性ポリマーが選択されることが多い．

　ブロック共重合体あるいはグラフト共重合体が形成する高分子ミセルとよばれる微粒子を人工遺伝子ベクターとして用いる試みは，とくに *in vivo* 法による遺伝子治療を目的として世界中で盛んに研究されている．このようなシステムに関する研究は 1995 年に検討が開始されたばかりのものではあるが，次々と新規のブロック共重合体やグラフト共重合体の分子設計が行われ，この分野自体がめざましい勢いで進展している．今後，生物・薬学・高分子などさまざま

表4 ブロック共重合体・グラフト共重合体を用いた遺伝子ベクターに関する研究

ポリマーのタイプ	カチオン性連鎖	親水性連鎖	DNAの種類	文献
ブロック	ポリスペルミン	PEG	アンチセンスODN フォスフォロチオエートODN	27-29
	ポリ(L-リシン)	PEG	アンチセンスODN 仔ウシ胸腺DNA プラスミドDNA	30-32
	PAMA	PEG	プラスミドDNA	33
	ポリ(L-リシン)	PEG	プラスミドDNA	34,35
	poly(TMAEM)	poly(HPMA)	プラスミドDNA	34
	ポリ(L-リシン)	デキストラン ヒアルロン酸	仔ウシ胸腺DNA サケ精子DNA, ODN	36-39
グラフト	ポリエチレンイミン	PEG	フォスフォロチオエートODN	27
	ポリ(L-リシン)	PEG	プラスミドDNA	40
	ポリ(L-リシン)	poly(HPMA)	仔ウシ胸腺DNA プラスミドDNA	41
ブロック	poly(TMAEM) poly(Ma-Gly-NH-(CH$_2$)$_2$-NH$_2$)	poly(HPMA)	仔ウシ胸腺DNA プラスミドDNA	42,43

な分野の研究者の協力により，体内・細胞内動態が明らかになることにより，さらに巧妙なポリマー構造の設計が行われ，近い将来 in vivo 法による遺伝子治療が実現されることになるであろう．

"界面吸着能，自己会合能"を有する低分子・高分子界面活性剤はさらにコロイド結晶の合成への展開が可能である．

II. ナノ粒子

1. ナノ粒子の特徴と分類

近年，金属や半導体などの無機微粒子，とくにナノサイズオーダーの微粒子の示す特異な挙動やその物理化学的性質に注目が集まっている．さらにこの特性を利用し，目的や材料によってさまざまな種類のナノ粒子が検討されている．たとえば光学材料や磁性材料，導電材料としての展開をはじめとして，医療工学分野への応用が模索されている．そのなかで金(Au)ナノ粒子は，銀や銅と同様の表面プラズマ吸収により赤色を呈すなど，微粒子化することで顕著な変化をみせるが，従来，その粒径をそろえて大量に調製することが困難であった．しかし，調製法や保護剤の改良により，0.8〜数十 nm の間において安定で均一な粒径を有する金ナノ粒子の作製が可能となってきた．金ナノ粒子は粒径を制御することによって顕著な色調変化を生じるため，最近では塗料向け無機顔料や着色剤などへの応用にも利用されている．これらの液相で生成した粒子はほかの物質との混合や塗布が容易にできるため，さまざまな応用にも展開できる．

金ナノ粒子のバイオ関連分野への応用としては，電顕観察のためのトレーサーとしての用途（1962年，Feldherr, Marshall）が身近である．1971年にはFalk と Taylor による抗原の検出への応用が始まっている．金を標識に用いる方法は蛍光標識法や酵素標識法とともに，現在では免疫組織化学の中心的手法となっている．金ナノ粒子を中心とする金標識法がこのように広く一般化した理由としては，この方法のもつ次のような特長によるところが大きい [45]．
1) 重金属元素であり，粒子は小さくとも電子散乱能が大きい．これは電子の散乱により像のコントラストが形成される透過型電子顕微鏡観察においてきわめて有効な標識となることを意味する．通常は水素，炭素，窒素などの軽元

素で構成される細胞からなる生体試料の標識にとくに有用である.
2) 走査型電子顕微鏡観察においても,効率よく 2 次電子を放出する.さらに原子番号に依存してコントラストが形成される反射電子モードで,明瞭なコントラストが得られる.
3) 銀増感により光学顕微鏡レベルでの免疫染色にも利用できる.この性質を利用して,ウェスタンブロッティングなどの生化学的な検出にも利用される.ウェスタンブロッティング(Western blotting;WB)とは,電気泳動によって分離したタンパク質を膜に転写し,任意のタンパク質に対する抗体でそのタンパク質の存在を検出する手法である.

このように金標識法は,顕微鏡下に特定のタンパク質をはじめとする物質(抗原)の局所分布を可視化するためになくてはならない技法となっているばかりでなく,近年のナノテクノロジーの進展と相まって,その応用範囲も広がりつつある.そのため,材料科学とバイオテクノロジーの融合は,ナノスケールの領域で高度に機能する先進的バイオマテリアルを将来創出するものと期待されている [46].最近では,蛍光物質として CdS や CdSe といった半導体粒子にも注目が集まっており,分子イメージングといったバイオセンシングへの応用研究が報告されている.

ここでは表面・界面制御技術を通して,金ナノ粒子を中心とした材料合成方法と生体材料としての応用展開を紹介する.

2. ナノ粒子(金コロイド)の合成法
A. 還元試薬による方法
a. クエン酸

1951 年,Turkevich らの開発した方法で,標準的な金コロイド調製法として広く利用されている [47].$HAuCl_4$ 水溶液を煮沸させ,これに適当量の 1% クエン酸ナトリウムを加え激しく撹拌しながら還流する.クエン酸イオンは Au^{III} を Au^0 に還元すると同時に,Au 表面に吸着して負電荷を与えコロイドを安定化させる.還元の進行につれて溶液の色は黄→無色→青紫→赤紫と変化し,約 10 分でワインレッドにいたる.クエン酸法による金コロイドは,狭い粒度分布と均一な分散状態,再現性の良さを特徴とする.粒径は 15〜20 nm であるが,

クエン酸ナトリウムに所定量のタンニン酸を添加することで，2～3 nm まで減少させることができる．このとき，タンニン酸が還元剤，クエン酸が分散剤としてはたらいていると考えられている．また，20 nm より大きい金コロイドはいったん調製したコロイドを核として $HAuCl_4$ 水溶液に添加し再度還元することにより合成される．また，Pd, Pt などの金属を同時または連続的に還元して二元粒子を調製したり，表面吸着しているクエン酸を他の分子で置換することで触媒に展開するなど，さまざまな応用が可能である [48]．

b. 水素化ホウ素ナトリウム，ヒドラジン

水素化ホウ素ナトリウム（$NaBH_4$）やヒドラジン（N_2H_4）は強力な還元剤であり，室温での金コロイド調製に適している．$NaBH_4$ による Au^{III} の還元反応は boranate ion（BH_4）に基づき，次のように表せる．

$$4Au^{3+} + 12OH^- + 3BH_4^- \longrightarrow 4Au + 3BH_2(OH)_2^- + 6H_2O$$

一方，ヒドラジンによる還元反応は金属イオンとの錯形成によると考えられている．これらの還元剤を用いれば，界面活性剤など高温で不安定な物質も保護剤として利用できる．江角らは，これらの還元剤を用いて種々の界面活性剤に保護された金コロイドを調製した [49]．活性剤としては非イオン性であるポリオキシエチレンノニルフェニルエーテル，陽イオン性のヘキサデシルピリジニウムクロリドおよびヘキサデシルトリメチルアンモニウムクロリド，および陰イオン性のドデシル硫酸ナトリウムを用いた．とくに陽イオン性界面活性剤を用いた系では，安定で非常に単分散な金コロイドが生成した．これは，Au 表面は未反応の $AuCl_4^-$ の吸着により負に帯電しているため，陽イオン性界面活性剤は非イオン性や陰イオン性界面活性剤に比べて強く吸着するためであると考えられる．

また，種々の高分子化合物を保護剤として応用した金コロイドの合成も報告されている．近年筆者らは，親水部にポリエチレングリコール（PEG），疎水部にピリジンを配した両親媒性 PEG グラフト共重合体を設計し，金属・半導体ナノ粒子表面に高密度ブラシ状に担持させる方法を提案した（図3）．その特徴は，表面固定化の方法として金に対するピリジンのアフィニティーを利用し，さらにこれを多点化することで強度および時間安定性の向上をねらっている点

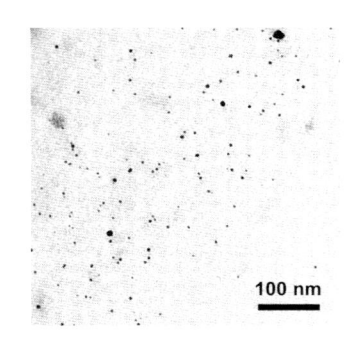

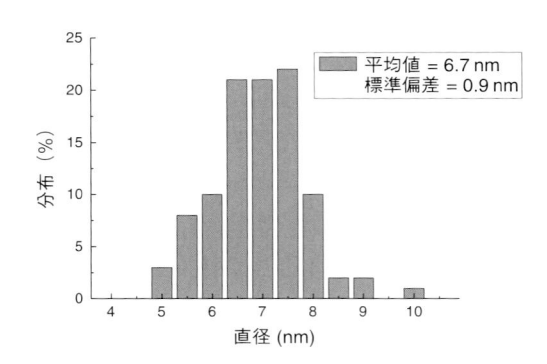

図3 PEGグラフト共重合体で保護したAuナノ粒子のTEM画像と粒度分布

にある．ヒドラジン還元によって得られた金ナノ粒子のUV-visスペクトルは$\lambda = 520\,\text{nm}$に吸収を示した．この吸収は金属に固有の表面プラズモンによる．このような金コロイドを内核に，PEGブラシを外層に配置するコア-シェル型ナノ粒子は，外殻部のPEG層に基づくエントロピー弾性によって微粒子どうしの凝集を防ぐことができる．実際，PEGグラフト共重合体で修飾した金コロイドは，高いイオン強度を有する水溶液中で数ヵ月間安定に分散した．さらに，このような高い分散安定性が期待できるだけではなく，PEG鎖自由末端にパイロット分子を導入することで，さまざまな用途への応用が期待できる．一方，PEGグラフト共重合体はとくにpHの環境変化に応答する高分子である．pH刺激に応答してピリジンがプロトン化し，水和反応に伴う親水-疎水バランスの解消と電荷反発によってミセルの崩壊がひきおこされるため，調製した金コロイド安定性はpH刺激に応答して分散-凝集反応の制御が可能であった．また，最近では，中心にチオール基を有するデンドリマーなども有効な分散剤としてはたらき，単分散な金コロイドの調製が可能である[50]．

c. リン化合物

　$HAuCl_4$水溶液を激しく撹拌しているところにリンエーテル溶液を導入することで，常温で金ナノ粒子の調製が可能である．Diffらはテトラキス（ヒドロキシメチル）ホスホニウムクロリド（THPC）を還元剤として用い，粒径1～2 nmの金コロイドの調製に成功した．ここで，THPCは還元剤および保護剤と

d. その他の還元試薬

水系での金コロイドの合成に利用可能なほかの還元試薬としては，ヒドロキシルアミン（Zsigmondy法），ホルムアルデヒド（Weimarn法）などがある．これらの還元剤によって調製された金コロイドの粒径分布は比較的多分散なのが特徴である．

B. その他の方法

一般に金属錯体は近紫外領域に金属-配位子間電荷移動による吸収（CTバンド）を示す．ハロゲノ錯体など弱い配位錯体ではCTバンドを励起すると配位子がラジカル解離し電子は金属側へ供与される．たとえば$AuCl_4^-$のCTバンドは波長230 nmに相当するエネルギーギャップをもち，低圧水銀灯（253.7 nm）やXeランプの紫外線で励起しAu^{III}を還元することができる．佐藤らは，この方法でAg，AuおよびAg-Au合金コロイドを合成している．たとえば$HAuCl_4$に保護剤（SDS，アルギン酸ナトリウムまたはSiO_2）およびClラジカルの捕捉剤である2-プロパノールを添加した溶液を石英容器に入れ，低圧水銀灯で2時間照射すると金コロイドが得られる．その粒径はSDS系では10〜20 nmであった．還元の量子収率は3〜4%であるが，アセトン添加により収率が上がる．一方，江角はベンゾインなど照射光波長に強い吸収をもつ有機分子による増感作用を報告した．さらに，放射線，超音波による還元，電気化学的還元などが知られている．

また，異方性ナノ粒子を調製することで，表面プラズモン共鳴に起因する光学特性が変化できるため，ユニークな光学デバイスとして，色材や触媒への応用が試みられている．とくに，高アスペクト比を有するナノロッドやトライアングル，ディッシュ型の研究が盛んに行われており，現在までに，電解法，化学還元法，光還元法による調製が報告されている．El-Sayedらは球状金ナノ粒子をシードとして用い，硝酸銀を添加したのち，臭化ヘキサデシルトリメチルアンモニウム（HTAB）の棒状ミセルをソフトテンプレートとして金ナノロッドの調製を行った．また，最近では新留らによって金ナノロッドの簡便な調製方法が報告されている．

3. ナノ粒子と生体機能のカップリング

　金など無機ナノ粒子を利用した生医学的な応用展開を目的とした場合，有機分子としての生理活性分子と無機ナノ粒子の接合方法は重要課題である．無機ナノ粒子の合成法は上述したようにさまざまな方法が知られているが，生体機能分子との反応は表5で示したように限られた方法が利用されているのみである [51-56]．典型的な例として，クエン酸イオンで安定化された金などでは生体分子の直接的な物理吸着によってナノ粒子は修飾され，吸着した生体分子によって粒子どうしの凝集が抑制される．一般的には，リンカー分子を介在して生体機能分子は無機ナノ粒子に結合される（図4）．リンカー分子として，環状のジスルフィドを用いた系（1，2）は非環状のチオールやジスルフィドの系よりリガンド交換に対して安定なナノ粒子を与える．ジスルフィド3はビオチン-(ストレプト)アビジン相互作用を利用して非共有結合的にビオチンやビオチン化抗体をナノ粒子に固定化する．リンカー分子（1，4，5）の官能基（カルボキシ，アミノ，マレイミド）は生体機能分子との反応に有効である．一方，シリカでコートされた金属半導体ナノ粒子では，シリカ表面の水酸基がリンカー分子5，6を使うことによって，生体機能分子の結合に有効である．

4. ナノ粒子の生医学的応用

　ナノサイズの金コロイド-DNA修飾体が，相補なDNA添加によってらせん形成とともに空間的な配列構造を形成し，表面プラズモン共鳴による光学特性の著しい変化を誘起することが見いだされ，この現象を利用した遺伝子解析，疾病診断の新しい方法が提案されている．Mirkin, Letsinger ら [57-60] と Alivisatos, Schultz ら [61] のグループはこの分野の先駆的研究を行った．Mirkinらは，DNA修飾した金ナノ粒子は相補鎖形成などにより微粒子間距離が変化するため，色調や発光特性変化を利用した分析技術を生理条件下で確立できることを示した．一方，筆者らは糖の一種であるラクトースを金属ナノ微粒子表面に担持させることによって，レクチンタンパク質との特異的相互作用に基づく金ナノ粒子の凝集を導いた．これに連動した表面プラズモン吸収変化から，定量的・可逆的な高感度分析が可能であることを見いだしている．具体的には，α-アセタール-ω-メルカプト-PEG末端に存在する（アセタール基を変換した）

表 5 無機ナノ粒子と生体機能分子のコンジュゲートに使われる方法

ナノパーティクル	リンカー	FG (functional coupling group)	生体分子	文献
Au	—	HS-Cys	免疫グロブリン、血清アルブミン	74, 71, 72
Au	クエン酸	H_2N-Lys	タンパク質	53
Au	ストレプトアビジン	ビオチン-$(CH_2)_6$-	免疫グロブリン、血清アルブミン	73
Au	3		免疫グロブリン、血清アルブミン	74
Au	ストレプトアビジン	ビオチン-$(CH_2)_6$-	DNA	75, 76, 77
Au	—	HS-$(CH_2)_6$-	DNA	57, 78
Au	—	$(HS-PO_3R_2)_5$-	DNA	79, 54
Au	2		DNA	80
Au	4	HOOC-Glu	タンパク質	81
Au	5	HS-Cys	タンパク質	82
Au	クエン酸	H_2N-Lys	ヘムタンパク質、免疫グロブリン	83, 84, 85
ZnS		HS-Cys	グルタチオン	86
CdS		HS-Cys	ペプチド	87
CdS	Cd^{2+}, HS-$(CH_2)_2$-OH		DNA	88
CdSe/ZnS		HS-$(CH_2)_6$-	DNA	59
CdSe/CdS/SiO2	6	NHS-ビオチン	ストレプトアビジン	69
CdSe/ZnS	HS-$(CH_2)_n$-COOH	H_2N-Lys	免疫グロブリン、トランスフェリン	70
CdSe/ZnS	1	H_2N-Lys	ロイシンジッパー融合蛋白質	89
SnO2, TiO2	HS-$(CH_2)_n$-COOH	HOOC-Glu	タンパク質	
GaAs, InP	ポスホルアミド ε-NH_2	HOOX-Glu	タンパク質	90

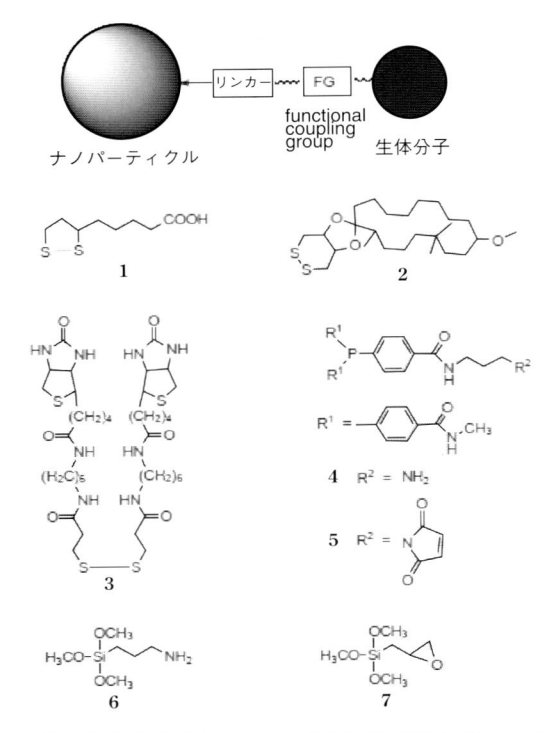

図 4 無機ナノ粒子と生体機能分子のカップリング方法と用いられる典型的なリンカー分子

アルデヒド基を利用し，ラクトースを金ナノ粒子表面に導入後，RCA_{120} レクチンによる凝集挙動を解析した．その結果，添加レクチン濃度に対して直線的比例関係を保って表面プラズモン吸収がシフトし，逆にこの関係を利用することで未知濃度のレクチンを $\mu g/mL$ オーダーで定量できることが明らかとなった．さらに，一度凝集した金ナノ微粒子はガラクトースの添加で再分散し，診断粒子として再利用が可能であることも確認されている [62]（図 5）．

メディカルイメージング（MI）技術もさらに進展する兆しを見せている．MI技術は 1960 年以降本格化した物理工学技術の医学・医療への応用としての医用工学（medical engineering）のなかでも，臨床医学にもっとも多く貢献した技術である．今後の MI 技術は，より局所の機能と動態を可視化するため，分子イメージング技術へ向かうものと思われる．そのため，分子レベルを対象にす

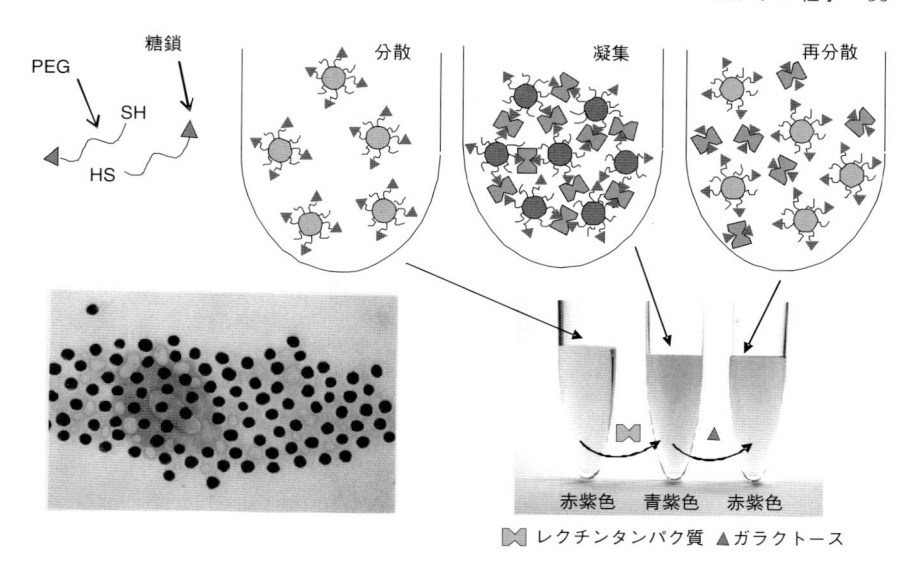

図5 ラクトースを末端に有する PEG-SH で機能化された金ナノ微粒子のレクチン-ガラクトースくり返し添加による可逆的凝集-分散挙動

分散状態に応じて金コロイド溶液の色調が変化し特異的生化学反応の有無が判断できる．
→口絵1参照

るためにナノ領域を取り込むことになり，ナノテクノロジーの応用がきわめて重要な研究課題になる．とくに，半導体微粒子が有機系色素には見られない多様な特性を示す蛍光物質として注目され，これを利用した生化学分野での応用研究が展開されつつある．つまり，半導体素材からなる直径数 nm のナノ量子ドット（半導体ナノ微粒子）を標識（生体分子マーカー）として用いて，分子（タンパク質，ウイルス，細胞など）の動態解析を試みる研究が注目されている．ナノ量子ドットは，数百の原子からなっており，コア-シェル構造をとる [63]．たとえば CdSe はより広いバンドギャップを有する CdS などで覆うことによって，さらに安定した量子閉じ込めが行われ，発光の量子効率が向上する．また利点として，図6に示したように，1) 粒子の大きさが異なるとエネルギーバンドギャップの幅が異なり，量子サイズ効果によりその蛍光波長が変化する，2) 従来の色素に比べて耐光性に優れ，蛍光光量が多い，3) 単一の励起光により異なるサイズの微粒子を同時に発光させ複数の標識を同時に解析できる，4) 蛍光

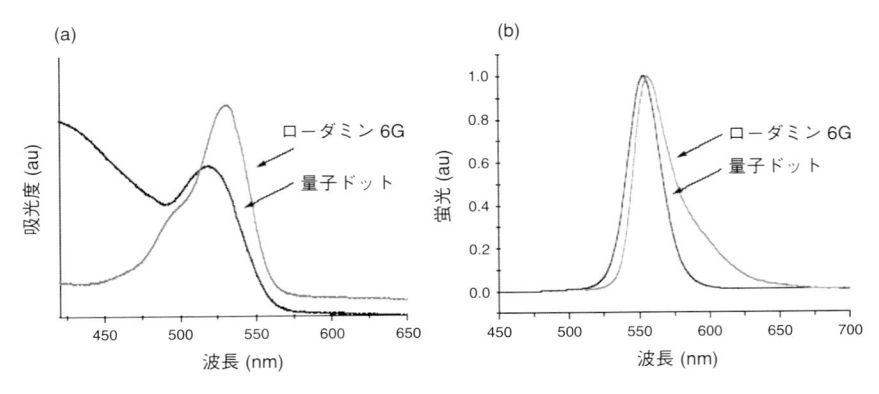

図 6 半導体ナノ粒子と有機蛍光分子の励起スペクトル (a) と蛍光スペクトル (b) の相違

スペクトル幅が狭く自家蛍光の影響が少なく，有機蛍光体と比べ，より多色の同時染色も可能である，などがあげられる．そのため，将来非常に高感度のセンサーやマーカー，カラーバーコードとしての展開が期待されている [64]．まだ効率は低いが LED [65]，太陽電池 [66]，レーザー [67] などの応用例が示されている．他方，細胞毒性や腫瘍原性などの安全性の確認，あるいは凝集を防止して細胞との親和性を高めるための表面加工や表面修飾の工夫など，生体分子マーカーとして実用化するには解決すべき課題もある．しかし，Quantum Dot Corp. などによってさまざまな量子ドットが商品化されており，今後ともバイオナノテクノロジーを支える技術になることが期待されている [68]．長崎らはポリアミンを 1 セグメントに，アセタール末端 PEG をもう一方のセグメントに有するブロックコポリマーの分子設計を行った（：Acetal-PEG/PAMA）．この高分子を分散剤として用いると，生理条件下においてもきわめて安定な CdS の半導体量子ドットが合成可能なことを報告している [69]．一方，Nie らは，カルボキシル基を表面に有するコア-シェル型の CdSe-ZnS 半導体微粒子とタンパク質のコンジュゲートを，緩衝液中で水溶性の縮合剤を用いる反応により合成した [70]．ここで得られるトランスフェリンで修飾した半導体微粒子は，レセプター結合を介したエンドサイトーシスで HeLa 細胞に取り込まれることが示された．また，体内において感受性があり，さらに癌細胞の多彩蛍光発色性画

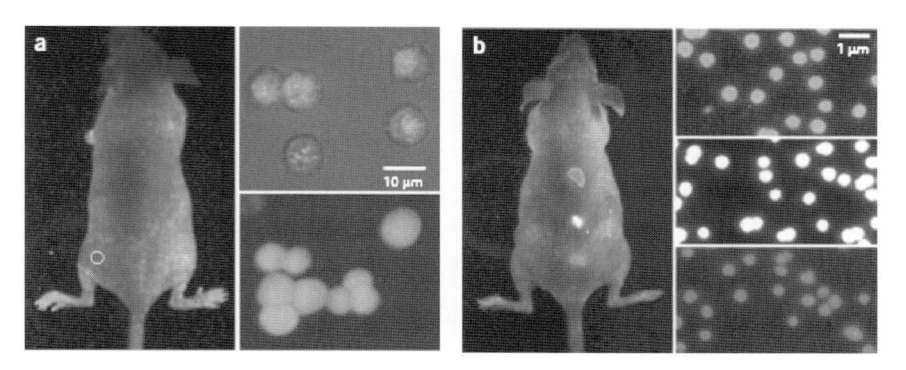

図7 生きているマウスに対してナノ量子ドットを用いて感受性・多彩化を比較した画像
(a) ナノ量子ドット標識細胞とGFPトランスフェクト細胞をマウスに注入したもの．量子ドットシグナルだけ生体内で観察された．(b) 右図の3色は単一光源を用いて同時に観察される． ➡口絵2参照

像化を達成している[71]（図7）．この結果は，半導体微粒子を利用する細胞内生体分子の蛍光画像化システムの可能性を示している．さらに，分子標的性ナノ粒子による局在診断も，同様に標的生体分子マーカーとして利用されることが期待される．

III. ナノファイバー

1. ナノファイバーの特徴と分類

ここまで述べてきたナノ粒子と同様に，"カーボンナノチューブ"など，ナノレベルの極小（細）材料がさまざまな産業分野で注目されている．そのなかで，ナノサイズの細さをもつ繊維を，一般的に"ナノファイバー"とよんでいる．繊維は従来，衣料技術として人類の歴史とともに進歩し，衣の文化文明を築いてきた．また，近年の繊維科学技術は情報通信，交通，建設，宇宙航空，農林，水産，環境，資源エネルギー，医療健康福祉など，人間生活を支えるあらゆる産業の先端分野に広がっている．

ナノファイバーの特徴的な機能として，表面積効果やスリップフロー効果があげられている．吸着剤材や分離材への応用を考えた場合，ナノファイバーか

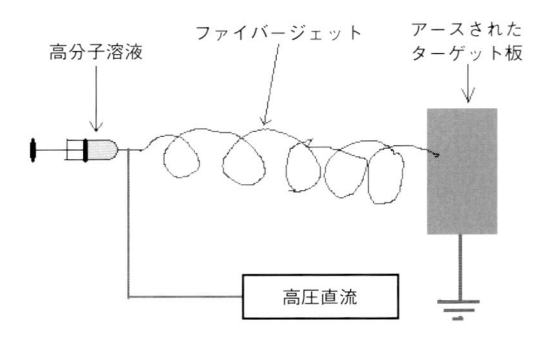

図中ラベル: 高分子溶液 / ファイバージェット / アースされたターゲット板 / 高圧直流

図 8 エレクトロスピニング法によるナノファイバーシートの作製

ら構成される不織布などは，通常の繊維から構成される不織布に対して，はるかに大きな表面積を有することから，吸着能が格段に向上する．また，繊維間に形成される空隙孔径も小さいことから，大きな分離能が得られる．さらに，スリップフローとよばれる現象から，圧損効率に優れ，目詰まりが起こりにくいといわれている．複数本のナノファイバーから構成される糸は，強靭な機械物性が予想され，さまざまな用途が考えられている．また，人間の体も筋繊維などナノサイズの繊維から構成されていることを考えると，再生医療をはじめとするメディカル材料としての応用も期待されている．

2. ナノファイバーの合成法

ナノファイバーを生産する技術はいくつかあるが，その1つにエレクトロスピニング法がある．エレクトロスピニング法は電気的原理を利用してミクロからナノサイズまでのさまざまな径や構造を有する繊維を生産加工する技術である．原料溶液を細いノズルの先端から電界中に噴射することで，極細繊維が得られる（図8）．エレクトロスピニング法の最大の特徴は，繊維形成能に乏しい原料や加熱ができない生体高分子など，従来の紡糸技術では繊維化できない原料まで繊維化することができ，さらに，薄膜やチップまで製造できる広範な技術であるといえる．

表 6　繊維状炭素の性状

	繊維径	長さ	炭素網面の繊維軸に対する配向	断面の組織
炭素繊維 (carbon fiber)	約 10 μm	ほぼ無限大	平行	放射状，ランダム，同心円状など
繊維状炭素 (carbon nanofiber)	10〜1000 nm	〜数 μm	平行，傾斜，垂直	同心円錐状，同心円状，平板状
カーボンナノチューブ (carbon nanotubes)	1〜10 nm	数十 nm〜数 μm	平行	同心円状

3．カーボンナノファイバー

　カーボンナノファイバーとはどのような特徴をもつ炭素材料であろうか？炭素材料には，ガスケットなどのシート状，製鋼用黒鉛電極などのブロック状，カーボンブラックや活性炭などの粉末などさまざまな形態がある．もっとも身近な炭素材料はテニスラケットやゴルフクラブのシャフト，釣竿などに使われている炭素繊維（カーボンファイバー）であろう．これらの製品では，プラスチックなどの樹脂を炭素繊維で補強した炭素繊維複合材料が用いられている．

　炭素繊維はもっともよく知られた繊維状の炭素である．水素ガスを多量に吸蔵すると報告されたものはきわめて微少な繊維状の形態をしており，カーボンナノファイバーとよばれているが，一般の炭素繊維＝カーボンファイバーとはまったく異なる材料である．また，繊維状の形態をもつ炭素としてはカーボンナノチューブも注目を集めている．このように繊維状の形態をもつ炭素にはいくつかの種類があるので，その分類を表6に示した．

　炭素繊維は実際に繊維としての形状をもっており，繊維径が数 μm 以上，通常は 10 μm 程度である．ほかの繊維状形態の炭素はきわめて微少なために，肉眼ではその形態を確認できず微粉末のように見える．炭素繊維は，繊維や織物状に加工され，複合材料の重要な強化材料となっている．一般に，炭素繊維は有機物高分子繊維を炭素化することにより得られる．

　炭素繊維やほかの繊維状形態の炭素，ほかの炭素材料とを比較して特性，分類を理解するためには，炭素材料の構造と組織を理解する必要がある．多くの

炭素材料中の炭素は sp^2 混成軌道によって平面的な炭素網面を形成し，異方性の強い層状結晶となっている．もっとも結晶の発達したものが黒鉛（graphite）であるが，一般の炭素材料中では微結晶や構造の乱れた乱層構造炭素として存在している．異方性の強い結合のため，材料中での炭素網面の配向が材料の特性に大きく影響している．このような炭素網面の配向の様式を組織（texture）とよぶ．炭素繊維中の炭素網面は繊維軸に対して平行に配向しており，その配向の様式は繊維軸に対して放射状や同心円状などの組織に分類される．

カーボンナノチューブ（carbon nanotube）はもっとも微細な繊維状の形態であり，その直径はもっとも小さいものでは 1 nm 以下となる．これはフラーレン（C_{60}）分子 1 個の直径に相当するものであり，炭素原子の幾何学的な配置からそれ以下の細い繊維は存在しない．つまり，フラーレン分子半分を輪切りにして，その半球 2 つをつなぐように炭素原子を増やしていったものが最小のカーボンナノチューブということになる．1 本のナノチューブを取り囲んで，入れ子になっている多層ナノチューブも観察されているが，その直径は数 nm 程度である．カーボンナノチューブは炭素電極を用いたアーク放電により合成されるが，金属微粒子触媒を用いて炭化水素ガスを熱分解して合成する手法も報告されている．カーボンナノチューブでは炭素網面が常に繊維軸に平行で，断面は同心円（年輪）状となる．

カーボンナノチューブと炭素繊維の中間の繊維径をもつものが繊維状炭素あるいはカーボンナノファイバーとよばれる．その太さは 10〜数百 nm，長さは数 μm 程度で範囲が広く，合成条件によってその大きさが異なる．炭素の原料としては，エチレンなどの炭化水素ガスや，一酸化炭素が用いられる．カーボンナノファイバーは，鉄やコバルトなどの金属触媒を用いて，気相の炭素源を適切な条件下で熱分解することにより合成される．繊維状炭素の組織としては，炭素網面の繊維軸に対する配向が平行，垂直，傾斜の 3 種類が知られている（図 9）．炭素網面が繊維軸に対して垂直あるいは傾斜している組織はカーボンナノファイバーに特有のもので，ほかの繊維状形態では見られない．そして，この 2 種類の組織においては，炭素網面からなる層状構造の端面が繊維の外側に並んで噴出することになる．この特徴ある組織がほかの炭素材料に見られない水素吸蔵などの性質をもたらすと考えられている．

| 繊維軸に対して垂直 | 繊維軸に対して傾斜 | 繊維軸に対して平行 |
| (平板型) | (ヘリンボーン型) | (リボン型) |

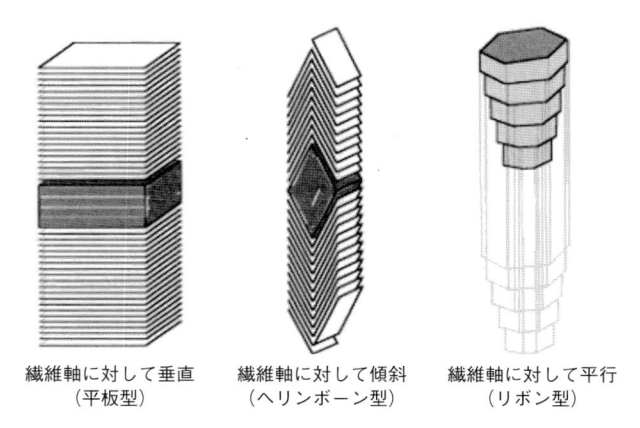

図 9 カーボンナノファイバーにおける炭素網面の配向様式の模式図
平面状の部分が炭素網面を表す．塗りつぶし部分は成長核となる金属粒子．

●おわりに

　以上，ナノテクノロジーの根幹を支えているナノ材料，ナノ粒子とよばれる非常に微細な粒子状・棒状・ワイヤー（ファイバー）状の物質の基礎的事項とその応用性についてまとめた．ある種のナノ材料，ナノ粒子については，その特徴的な粒子形状や粒子サイズに起因していると考えられる有害性を懸念させるような研究報告もなされている．一方，実験の条件，とくに微粒子の暴露状態，微粒子の形態（単体，凝集，水溶体での形状）など，明示されていない事例などもあり，実験相互の比較検討が困難な例も多い．国内においても，微粒子の計測法などはしだいに確立され，暴露条件の設定もコントロールが可能な状況に達しつつあり，今後は実験条件を明確にしながら実験結果を比較検討できる状態になり，より幅広い視点に立った調査研究が行われるようになることを期待したい．

文献

[1] Rosen, M. J.: Surfactants and Interfacial Phenomena, p.69, John Wiley (1989)
[2] Dreger, E. E. *et al*.: *Ind. Eng. Chem.*, **36**, 610 (1944)
[3] Kling, W. *et al*.: 2nd Int. Congr. Surface Activity, London, I. p.295 (1957)
[4] Dahanayaka, M. *et al*.: *J. Phys. Chem.*, **90**, 2413 (1986)

[5] Lange, H. *et al.*: *Kolloid Z. Z. Polym.*, **223**, 145 (1968)
[6] Venable, R. L. *et al.*: *J. Phys. Chem.*, **68**, 3498 (1964)
[7] Bury, C. R. *et al.*: *Trans. Faraday Soc.*, **49**, 209 (1953)
[8] Rosen, M. J. *et al.*: *Colloids Surf.*, **5**, 159 (1982)
[9] Beckett, A. H. *et al.*: *J. Pharm. Pharmacol.*, **15**, 422 (1963)
[10] Zhao, F. *et al.*: *J. Phys. Chem.*, **88**, 6041 (1984)
[11] Shinoda, K. *et al.*: *J. Phys. Chem.*, **63**, 648 (1959)
[12] Meguro, K. *et al.*: *J. Colloid Interface Sci.*, **83**, 50 (1981)
[13] Rosen, M. J. *et al.*: *J. Phys. Chem.*, **86**, 541 (1982)
[14] Preston, W. C.: *J. Phys. Colloid Chem.*, **52**, 84 (1948)
[15] Klevens, H. B.: *J. Am. Oil Chem. Soc.*, **30**, 74 (1953)
[16] Markina, Z. N.: *Kolloid Zh.*, **26**, 76 (1964)
[17] Rosen, M. J.: *J. Colloid Interface Sci.*, **56**, 320 (1976)
[18] Schick, M. J. *et al.*: *J. Phys. Chem.*, **61**, 1062 (1957)
[19] Zana, R.: *J. Colloid Interface Sci.*, **78**, 330 (1980)
[20] Kataoka, K. *et al.*: *Adv. Drug Deliv. Rev.*, **47**, 113 (2001)
[21] Kataoka, K.: *Drug Delivery System*, **15**, 421 (2000)
[22] Fukushima, S.: *Drug Delivery System*, **16**, 184-185 (2001)
[23] Harada, A. *et al.*: *Macromolecules*, **28**, 5294 (1995)
[24] Gewirtz, A. M. *et al.*: *Proc. Natl. Acad. Sci. USA*, **93**, 3161 (1996)
[25] Pouton, C.W. *et al.*: *Adv. Drug Delivery Rev.*, **34**, 3 (1998)
[26] Monkkonen, J. *et al.*: *Adv. Drug Delivery Rev.*, **34**, 37 (1998)
[27] Kabanov, A.V. *et al.*: *Bioconjug. Chem.*, **6**, 639 (1995)
[28] Kabanov, A.V. *et al.*: *Adv. Drug Delivery Rev.*, **30**, 49 (1998)
[29] Vinogradov, S.V. *et al.*: *Bioconjug. Chem.*, **9**, 805 (1998)
[30] Kataoka, K. *et al.*: *Macromolecules*, **29**, 8556 (1996)
[31] Katayose, S. *et al.*: *Bioconjug. Chem.*, **8**, 702 (1997)
[32] Katayose, S. *et al.*: *J. Pharm. Sci.*, **87**, 160 (1998)
[33] Kataoka, K. *et al.*A.: *Macromolecules*, **32**, 6892 (1999)
[34] Wolfert, M. A. *et al.*: *Hum. Gene Ther.*, **7**, 2123 (1996)
[35] Dash, P. R. *et al.*: *J. Control. Rel.*, **48**, 269 (1997)
[36] Maruyama, A. *et al.*: *Bioconjug. Chem.*, **8**, 3 (1997)
[37] Maruyama, A. *et al.*: *Bioconjug. Chem.*, **9**, 292 (1998)
[38] Asayama, S. *et al.* : *Bioconjug. Chem.*, **9**, 476 (1998)
[39] Ferdous, A. *et al.*: *Nucleic Acid Res.*, **26**, 3949 (1998)
[40] Choi, Y. H. *et al.*: *J. Control. Rel.*, **54**, 39 (1998)
[41] Toncheva, V. *et al.*: *Biochim. Biophys. Acta*, **1380**, 354 (1998)
[42] Konak, C. *et al.*: *Supramoleclar Sci.*, **5**, 67 (1998)

[43] Oupicky, D. et al.: *Bioconjug. Chem.*, **10**, 764 (1999)
[44] Godbey, W. T. et al.: *J. Control Release*, **60**, 149 (1999)
[45] (a) Hayat, M. A. (ed.): Colloidal Gold. Principles, Methods and Applications. Academic Press, 1 (1989), 2 (1989), 3 (1991); (b) Histochemistry and Cell Biology, 106(1), 1 (25 years colloidal gold labeling), Springer-Verlag (1996)
[46] Niemeyer, C. M.: *Angew. Chem. Int. Ed.*, **40**, 4128 (2001)
[47] (a) Turkevich, J. et al.: *Disc. Faraday Soc.*, **11**, 55 (1951); (b) Turkevich, J. et al.: *J. Colloid Sci.*, **9**, 26 (1954)
[48] (a) Liz-Marzan, L. M. et al.: *J. Chem. Soc., Che. Commun.*, 731 (1996); (b) Liz-Marzan, L. M. et al.: *Langmuir*, **12**, 4329 (1996)
[49] (a) Esumi, K. et al.: *J. Colloid Interface Sci.*, **149**, 295 (1992); (b) Ishizuka, H. et al.: *Colloids Surfaces*, **63**, 337 (1992); (c) Kaneko, S. et al.: *J. Jpn. Colour Mater.*, **66**, 14 (1993)
[50] (a) Esumi, K. et al.: *J. Colloid Interface Sci.*, **229**, 303 (2000); (b) Krasteva, N. et al.: *Nano Lett.*, **2**, 551 (2002); (c) Won, J. et al.: *Langmuir*, **18**, 8246 (2002); (d) Frankamp, B. L. et al.: *J. Am. Chem. Soc.*, **124**, 15146 (2002); (e) Zheng, J. et al.: *J. Phys. Chem. B*, **106**, 1252 (2002); (f) Crooks, R. M. et al.: *Acc. Chem. Res.*, **34**, 181 (2001)
[51] Niemeyer, C. M.: *Angew. Chem. Int. Ed.*, **40**, 4128 (2001)
[52] Shenton, W. et al.: *Adv. Mater.*, **11**, 449 (1999)
[53] (a) J. Kreuter : *in* Microcapsules and Nanoparticles (Medicine and Pharmacy) (ed.: Donbrow, M.), CRC, BocaRaton, (1992); (b) Gestwicki, J. E. et al.: *Angew. Chem. Int. Ed.*, **39**, 4567 (2000)
[54] Patolsky, F. et al.: *Chem. Commun.*, 1025 (2000)
[55] Bruchez, M. Jr. et al.: *Science*, **281**, 2013 (1998)
[56] Mattoussi, H. et al.: *J. Am. Chem. Soc.*, **122**, 12142 (2000)
[57] Mirkin, C. A. et al.: *Nature*, **382**, 607 (1996)
[58] Elghanian, R. et al.: *Science*, **277**, 1078 (1997)
[59] Mitchell, G. P. et al.: *J. Am. Chem. Soc.*, **121**, 8122 (1999)
[60] Taton, T. A. et al.: *J. Am. Chem. Soc.*, **122**, 6305 (2000)
[61] Alivisatos, A. P. et al.: *Nature*, **382**, 609 (1996)
[62] Otsuka, H. et al.: *J. Am. Chem. Soc.*, **123**, 8226 (2001)
[63] (a) Emerich, D. F. et al.: *Expert Opin. Biol. Ther.*, **3**, 655 (2003); (b) Han, M. et al.: *Nat. biotechnol.*, **19**, 631 (2001)
[64] Zanchet, D. et al.: *J. Phys. Chem. B*, **106**, 11758 (2002)
[65] Alivisatos, A. P.: *Science*, **271**, 933 (1996)
[66] (a) Ginger, D. S. et al.: *Appl. Phys. Lett.*, **87**, 1361 (2000); (b) Huynh, W. U. et al.: *Advanced Functional Materials*, **13**, 73 (2003)

[67] Malko, A. V. et al.: *Appl. Phys. Lett.*, **81**, 1303 (2002)
[68] Mitchell, P.: *Nat. Biotechn.*, **19**, 1013 (2001)
[69] Nagasaki, Y. et al.: *IEE Proc.-Nanobiotechnol.*, **152**, 89 (2005)
[70] Chan, W. C. W. et al.: *Science*, **281**, 2016 (1998)
[71] Gao, X.: *Nat. Biotechnol.*, **22**, 969 (2004)
[72] Hayat, M. A.: Colloidal Gold: Principles, Methods, and Applications, Academic Press (1989)
[73] Grabar, K. C. et al.: *J. Polym. Prepr.*, 69 (1995)
[74] Connolly, S. et al.: *Adv. Mater.*, **11**, 1202 (1999)
[75] Yang, X. et al.: *J. Am. Chem. Soc.*, **120**, 9779 (1998)
[76] Waybright, S. M. et al.: *J. Am. Chem. Soc.*, **123**, 1828 (2001)
[77] Winfree, E. et al.: *Nature*, **394**, 539 (1998)
[78] (a) Park, S. J. et al.: *Angew. Chem.*, **112**, 4003 (2000); (b) *Angew. Chem. Int. Ed.*, **39**, 3845 (2000)
[79] Bardea, A. et al.: *Chem. Commun.*, 839 (1998)
[80] Letsinger, R. L. et al.: *Bioconjugate Chem.*, **11**, 289 (2000)
[81] Safer, D. E. et al.: *Biochem.*, **26**, 77 (1986)
[82] Hainfeld, J. F. et al.: *J. Histochem. Cytochem.*, **40**, 177 (1992)
[83] Keating, C. D. et al.: *J. Phys. Chem. B*, **102**, 9404 (1998)
[84] Broderick, J. B. et al.: *Biochemistry*, **32**, 13771 (1993)
[85] Schultz, S. et al.: *Proc. Natl. Acad. Sci. USA*, **97**, 996 (2000)
[86] Dameron, C. T. et al.: *Nature*, **338**, 596 (1989)
[87] Bae, W. et al.: *Biochem. Biophys. Res. Commun.*, **237**, 16 (1997)
[88] Mahtab, R. et al.: *J. Am. Chem. Soc.*, **117**, 9099 (1995)
[89] Mattoussi, H. et al.: *J. Am. Chem. Soc.*, **122**, 12142 (2000)
[90] Chopra, S. K. et al.: *Heteroat. Chem.*, **2**, 71 (1991)

Chapter 3

ナノスケール構造

局所構造
液液ナノ界面，固体界面，ナノ粒子

山本茂樹・飯國良規・渡會 仁

I. 液液ナノ界面

　液体の界面あるいは表面の分子は，液体内部のように分子の周りが完全に同じ液体分子に囲まれてはいない。そのため，物理的・化学的な性質が異なるであろうことは容易に想像できる．自然界でもっとも重要な液体は水である。したがって，その界面・表面の構造および性質を知ることは基礎科学的にも応用の面でも重要である．ここでは水の表面および水と有機相との界面について，いくつかの最新の研究を紹介する．

1. 液液界面の厚さ

　水相から有機相に溶質が移動する場合，2相の界面において溶質の環境が急激に変化すると考えられるが，実際に界面の厚さはどのくらいであろうか？　溶媒組成の変化はどれほどの厚さでおこっているのだろうか？　この問題は長いあいだ議論の的であった．界面の厚さによって，界面の物理化学的環境が大きく変化するし，界面での化学反応速度定数も変化すると考えられるからだ．

液液界面における電気化学測定においても，液液界面の厚さは非常に重要である．たとえばキャパシタンス測定からイオン会合定数を求めるには界面の厚さが必要になるし，界面での電子移動反応速度を求めるには界面での溶媒分子の分布を知る必要がある．液液界面の厚さもしくは構造については，これまでに2つの異なった見解が存在していた．一方は，微視的に見れば液液界面は分子レベルで鋭く，巨視的にはこの鋭い界面が界面張力波によってゆらいでいるというものである．他方は，液液界面は混合溶媒状態であり，2つの溶媒分子の組成が緩やかに変化する領域であるというモデルである．Macus は有機相，水相のそれぞれに分布した酸化還元物質が液液界面で電子移動反応をおこす際の速度定数を計算しているが，界面組成のモデルの違いによって2桁もの違いが出てしまう [1,2].

どちらのモデルが正しいかを明らかにするために，この数十年の間，実験によって直接に界面の厚さを測定する試みがなされてきた．中性子反射率測定 [3]，可視光を用いたエリプソメトリー [4] などによって界面の厚さの直接測定が試みられたが，液体界面の扱いにくさ，感度の悪さ，測定法の原理的な問題点などにより，確からしい値は得られなかった．それらの測定結果のなかには界面厚さが負の値をとることさえあった．実験により界面の厚さを求めることが困難であったため，溶液理論やシミュレーションに頼るアプローチが発達した．分子動力学（MD）シミュレーション [5] もしくはモンテカルロシミュレーション [6] によると，界面は厚さ 1 nm 以下のシャープな領域と予想された．密度汎関数法に基づく計算 [7] もしくは格子ガスモデルによる計算 [8] では，溶媒分子数個分にわたる混合溶媒領域の存在が予想された．

近年，液液界面のX線反射率測定によって，この問題の解決に大きな進展がもたらされた．Schlossman らは平らな液液界面の生成法を工夫し，装置を改良することによって液液界面の厚さを直接測定することに成功した．水と有機溶媒（直鎖アルカン [9]，ニトロベンゼン [10]，2-ヘプタノン [11]）との界面の厚さが測定され，その結果から2つの界面モデルの妥当性が考察されている．実際には，界面へのX線の入射角を変化させて反射率を測定し，フレネルの式から計算される反射率（界面の厚さを0とした場合の反射率）と比較し，その差分から界面の厚さを得ている．ヘキサン/水界面の測定では厚さは 3.5 ± 0.2 Å であっ

I. 液液ナノ界面　67

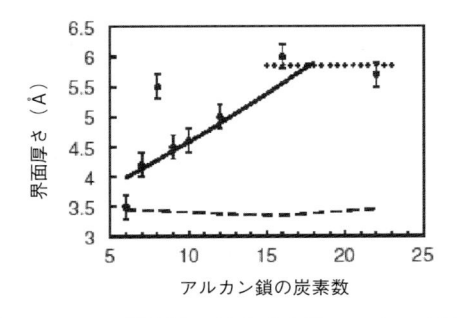

図1　直鎖アルカンの炭素数に対する直鎖アルカン/水界面の厚さ
[文献9より]

た．これは実測した界面張力の値と界面張力波理論とから導かれた値，3.45Å とよい一致を示したことから，ヘキサン/水界面の厚さには界面張力波理論で記述される成分が大きく寄与し，混合溶媒モデルで記述される成分の寄与はほぼないと結論される．ヘキサン/水界面は分子レベルでシャープであり，界面張力波によりゆらいでいるのである．この結果は分子動力学計算による値 [12]，4.9 ± 1.2Å（ただし比較のためカットオフを合わせてある）とは異なっていた．さらにまた，炭素鎖の長い直鎖アルカンと水との界面厚さも測定されている．その結果を図1に示す．横軸はアルカン鎖の炭素数であり，縦軸は水との界面の厚さを示している．プロットはX線反射率測定で求めた値である．破線は界面張力波理論から求めた界面厚さであり，ほぼ3.5Åで一定である．図1で，界面張力波理論とよい一致を示すのはヘキサン（C_6）のみであって，それより長鎖のアルカンではより大きな値を取る．すなわち，アルカンの分子サイズの増大とともに界面領域は厚くなることを示している．図中の実線はアルカン分子の回転半径の寄与を界面張力波理論に加えた値である．低炭素数のデータとはよく合っており，低炭素数アルカンについては混合溶媒領域の厚さはアルカンの回転半径が決定していると考えられる（オクタン C_8 の値だけは説明がつかない．しかしデータに再現性はあった）．一方，アルカンの炭素数が大きくなると界面厚さは6Åあたりで一定となる．これらの結果をMDの結果と比較すると面白い．計算によると，オクタン [13]，ノナン C_9 [14]，デカン C_{10} [15] と水の界面の厚さはそれぞれ3.2，3.3，3.4Åである．この値は界面張力波理論

のみを考慮した値とはよく一致するが，実験値とは一致せず 1.2 Å ほど小さい．この差は，MD シミュレーションに使用するポテンシャルパラメータの不完全さによる可能性もある。ところで，界面の厚さは有機溶媒の極性に依存するだろうか？ アルカンより極性の大きな有機溶媒 2-ヘプタノンと水との界面厚さも測定されている [11]．実測された界面厚さ 7.0 ± 0.2 Å は界面張力波理論による値 7.3 Å と一致し，界面は分子レベルでシャープである．2-ヘプタノンと水との相互溶解度はヘプタンと水の相互溶解度と比べて大きいが，界面はやはりシャープなのだ．相互溶解度から界面厚さを見積もることは適当でないことがわかる．電気化学で広く使用されるニトロベンゼン/水界面の厚さも測定されており，この場合もやはり界面は界面張力波理論のみで記述される [10]．

2. 気液界面の厚さ

X 線反射率による厚さ測定法は空気/水界面にも適用されており，厚さは室温で 3.3 ± 0.1 Å であった [16,17]．そのうち，混合領域モデルの寄与は 1.8 ± 0.2 Å であった．この値は水の平均 2 乗半径 1.93 Å と近く，妥当な値である．空気/水界面には界面張力波モデルと混合領域モデルの寄与が同程度あることがわかる．一方，中性子反射率測定では空気/水界面の厚さは 2.8 Å と測定されている [18]．2 つの測定結果の差はかなり大きい．

3. 界面での水の構造

界面において水の構造はどのようになっているだろうか．水分子は水中で水素結合により相互作用していることはよく知られている．水分子は界面で有機溶媒分子または空気と接しているため，水中とは異なる水分子間相互作用をすると予想される．しかし，それを実験で明らかにすることはむずかしい．なぜなら，界面に存在する水分子のみを検出しなければならないからだ．このような測定には，近年発展した 2 次の非線形光学分光法が有効である．この方法では中心対称をもたない液液界面のみの情報を選択的に取得できるため，ランダムなバルク相からは信号が発生しない．以下に，この測定によって明らかになった事実を簡単に紹介する．

界面選択的な和周波分光と分子動力学（MD）シミュレーションを用いて液

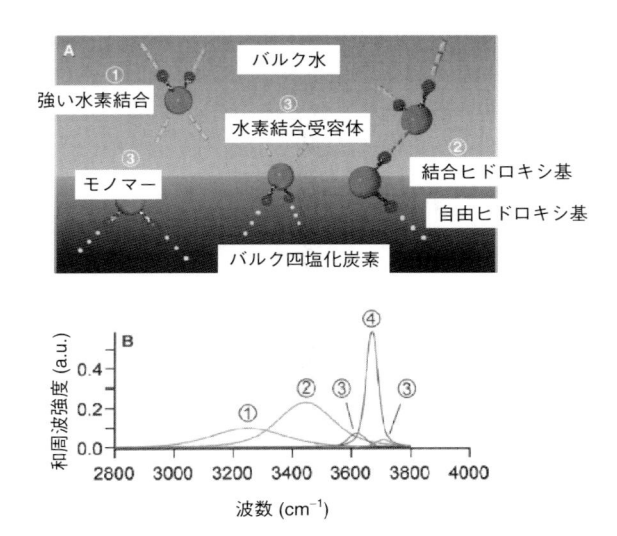

図2 四塩化炭素/水界面での水分子の状態（**A**）と対応する典型的な和周波スペクトル（**B**）

[文献 22 より]

体界面での水の配向と水分子間相互作用が研究された [19-24]．水の OH 伸縮振動の領域である $2,800\,\mathrm{cm}^{-1}\sim 3,800\,\mathrm{cm}^{-1}$ の和周波スペクトルと詳細な分子動力学計算から，水分子の界面に対する配向と，バルクとは異なる水素結合相互作用が明らかになった．

図2に典型的な四塩化炭素/水界面の和周波スペクトルとそれぞれのピークに対応する水分子の概念図を示す．これらのピークはすべて水の OH 伸縮振動であるが，帰属される水分子はそれぞれ水素結合の様式が異なる．4番のピークに帰属されるのは，液液界面にもっとも特徴的な，水素結合によらない自由な OH である．ここで，界面に垂直で有機相に向かう方向を0度とし，界面に水平な方向を90度とすると，MD シミュレーション [23] によればこの自由な OH は有機相に向かって約30度で配向している．この予想は和周波分光スペクトルの偏光依存性と一致している．さらに MD シミュレーションによれば，この自由な OH の密度分布はバルク水中よりも液液界面のほうが多い．水素結合に寄与せず，有機相に突き出した自由な OH の存在は液液界面に特徴的な構造である。2番のピークは自由な OH を含む水分子のもう一方の OH であり，こ

のOHはほかの水分子と水素結合しており，約110度で水相側を向いている．①のピークは氷状の水素結合水であり，この水は界面に多いがバルク水中にも多い．この水分子のOHは約100度でほぼ界面と平行な方向を向いている．③の弱いピークは通常よりも弱い相互作用をしている水に帰属される．この水分子も液液界面に特徴的な構造である．このとき水分子は有機分子に囲まれほかの水と水素結合をまったく形成していないか，もしくは非常に弱い水素結合をしていると考えられる．興味深いことに，水のpHを変化させたり[22]，低濃度の界面活性剤を加えて液液界面に吸着させると[24]，このタイプの水分子の配向が明らかに変化した．この水分子はほかの分子（OH^-や界面活性剤）と相互作用しやすいのであろう．

　液液界面の水は有機相と接しているため，空気/水界面とは水素結合の状態が異なると予想される．そのことを実証した和周波スペクトルを図3に示す[22]．これらは四塩化炭素/水界面，ヘキサン/水界面，空気/水界面のスペクトルである．特徴的な違いは，比較的強い水素結合に関わるピーク（図2の①と②）が液液界面においては空気/水界面より高波数側に出ていることだ．これは液液界面で水素結合が空気/水界面に比べて比較的弱いことを示している．さらに興味深いのは，空気/水界面のスペクトルには低波数ピークが強く出ていることである．Shenらによれば，この$3,170\,cm^{-1}$のピークは氷状の水に帰属される[25]．空気/水界面には液液界面と比べて強い水素結合を形成した氷状水分子が多く存在する．また，水素結合しない水分子のピーク（図2の④）については，液液界面のものは空気/水界面より低波数へ出ている．有機相に突き出たOHが有機相分子と親和的に相互作用したためにOHの結合が弱くなったと考えられる．以上の結果から，液液界面では有機相の存在のために，空気/水界面に比べて水素結合がかなり弱まっているといえる．

　界面選択的な第2高調波発生を用いた空気/水界面での水の配向測定が行われている[26,27]．得られた2次非線形感受率の双極子成分から，水分子の永久双極子の界面に対する向きが求められ，その結果，2つの水素は空気側ではなく水相側を向いていることが明らかになった．MD計算によると，界面水分子のOH結合はほとんど界面に水平に存在するが，若干ゆるやかに水中に向かっている[28]．これは実験結果と矛盾しない．

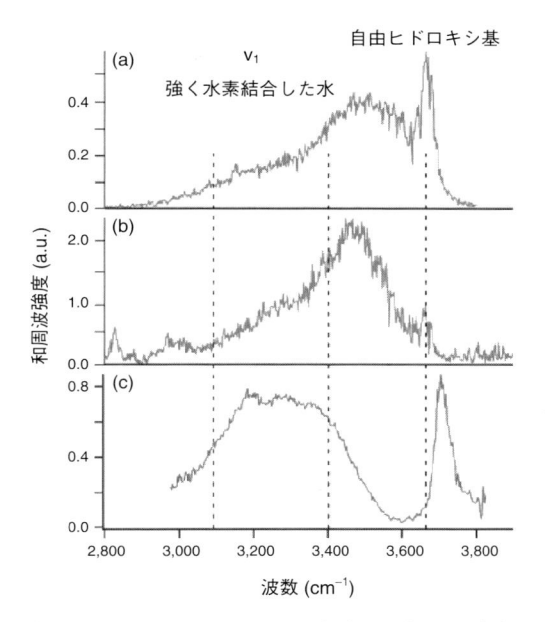

図 3 水界面での水の和周波スペクトル．四塩化炭素/水界面（a），ヘキサン/水界面（b），空気/水界面（c）

[文献 22 より]

4. 液液界面での溶媒分子の規則性

第 2 高調波発生を用いて直鎖アルカン/水界面でのアルカンの構造が明らかにされた [29]．液液界面からの第 2 高調波光強度の偏光依存性から，界面の 2 次感受率テンソル成分の比 χ_{izi}/χ_{zii} が求められた．Kleinman シンメトリー則によると，この比が 1 であれば界面で分子が高い規則性をもって配列しているということになる．ヘプタン，オクタン，ノナン，デカンについての測定結果は，χ_{izi}/χ_{zii} はそれぞれ 1.30, 1.05, 1.45, 1.03 であった（空気/水界面 [25] では 2.3）．どの値も 1 に近いため，界面分子は非常に規則的だと予想される．MD 計算によると，デカン/水界面ではデカン分子の炭素鎖はいくぶん界面に対して水平に規則的に並び，水分子は水素原子を有機相に向けているらしい．面白いことに，実験で得られた界面の規則性（χ_{izi}/χ_{zii}）はアルカン炭素数の奇偶に依存する．オクタン（C_8），デカン（C_{10}）の界面はヘプタン（C_7），ノナン（C_9）の界面より規則性をもっているのだ．もし界面の規則性がアルカンの配

列によるならば,偶数アルカンは奇数アルカンより規則正しく配列していることになる.この予想は,界面規則性の奇遇依存がアルカンの溶融熱の奇遇依存の傾向と一致することからも支持される.

5. 液液界面での化学反応速度

　液液界面は,分離法,合成法,検出法における反応場として広く利用されている。液液界面における錯形成反応速度の測定は,金属イオンの溶媒抽出機構の解明にとってもっとも重要なテーマである。1980年ごろより,界面反応速度の新たな測定法が次々と開発され,バルク相の反応速度と同様に,化学量論的な速度則を実験的に決定し,反応機構を解析する研究法が開拓された [30]。とくに遠心液膜法は,界面反応を直接分光法により追跡でき,しかもバルク相の厚さが $100\,\mu\mathrm{m}$ 程度と薄いため,分子拡散の寄与を評価しやすいという優れた特徴がある。約 $100\,\mu\mathrm{L}$ の水相と有機相を円筒ガラスセルに入れて,毎分5,000〜10,000回転で回転すると,セル内壁に2相液膜が形成される。遠心液膜法は,可視・紫外吸収分光法だけでなく,蛍光分光法,ラマン散乱分光法,円二色性分光法などのさまざまな分光法を組み合わせることができる。図4には,遠心

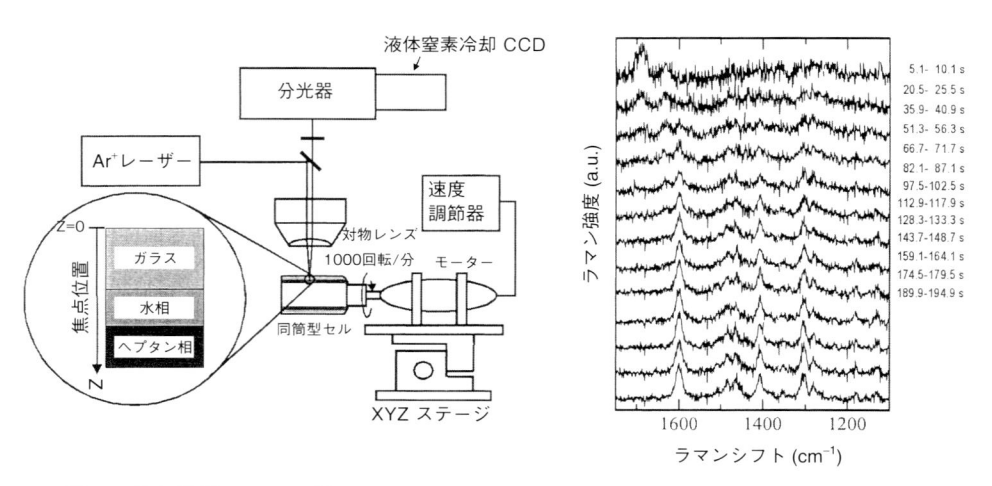

図4　遠心液膜セルと顕微ラマン分光法(左)を用いる液液界面におけるパラジウム(II)とピリジルアゾ配位子の錯生成速度の測定(右)

液膜・顕微ラマン分光法の概略図と液液界面でのパラジウム(II)とピリジルアゾ配位子の錯生成速度の測定例を示す．時間の経過とともに，界面に Pd(II) 錯体が生成する様子が，ラマンシフトの変化から明確に測定できる [31]．

有機相に溶けている疎水性ローダミン誘導体のラクトン型は非蛍光性であるが，液液界面で非常に早い開環反応をおこし，蛍光性の界面化学種に変化する．時本らは2相マイクロフロー系と2光子励起顕微蛍光法を用いて，2相接触時から $80\,\mu s$ 以内におこる反応を測定し，液液界面での高速ラクトン開環反応速度を初めて測定した [32]．倒立顕微鏡上の石英製セルに水相フロー（流速 $0.80\,\mathrm{cm}^3/$分）を水平に流し，その水相中に挿入されたキャピラリー先端から有機相フローを流す（流速 $3.00\,\mathrm{cm}^3/$時）（図5）．キャピラリー先端は反応時間0秒に対応し，有機相の液柱フローの下流ほど反応時間が経過する．界面反応速

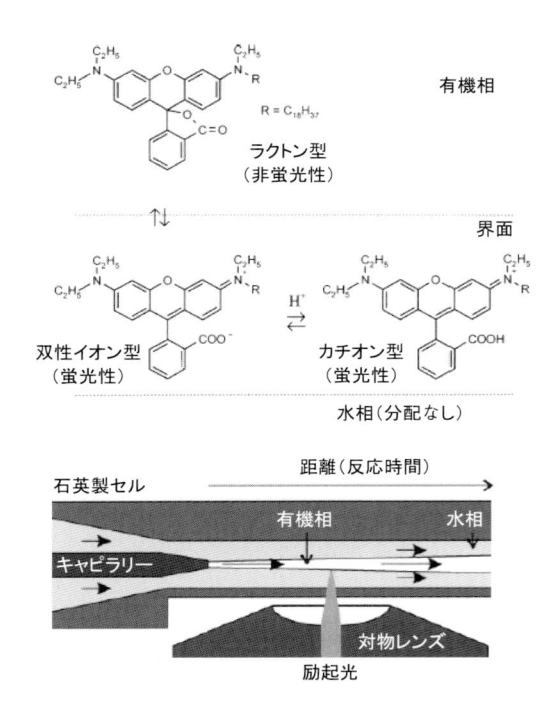

図5　有機相および液液界面でのオクタデシルローダミン B の化学構造（上）と2相マイクロフロー系の模式図（下）

[文献 32 より]

度を測定するには，対物レンズの焦点を流れに添って移動させればよい．時間依存ラングミュア式とデジタルシミュレーションを用いて，液液界面でのラクトン開環反応の速度定数を $(1.6\pm0.3)\times10^7\,\mathrm{mol^{-1}dm^3s^{-1}}$（トルエン/水界面），および $(8.6\pm0.5)\times10^7\,\mathrm{mol^{-1}dm^3s^{-1}}$（ヘプタン/水界面）と決定した．

6．液液界面での分子会合体生成

色素分子の会合体は近年，光学素子や光合成モデル系の研究において注目されている．液液界面では分子の配向がある程度規制されるため，特定の配向をもった分子会合体が容易に生成する．液液界面でのテトラフェニルポルフィリンのプロトン付加反応およびそれに続くJ会合体の生成が吸収スペクトル測定により確認されている [33]．さらに，ポルフィリンの界面会合体が円二色性（CD）を示すことが第2高調波発生 [34] および吸収スペクトル測定 [35] によって明らかにされている．またポルフィリンに類似の構造をもつフタロシアニン誘導体の界面会合体も研究されている．このフタロシアニン誘導体にはさまざまな側鎖をもつものが合成されており，パラジウム(II)を介して会合したり [36,37]，キラルな会合体をつくるように設計することができる [38]．

7．液液界面でのナノ粒子の吸着

液液界面を利用して規則的なナノ粒子集合体をつくることができる．たとえば，ナノ粒子と，その表面と反応する親油性分子（チオール，アミン，ホスファンオキシドなど）を界面で反応させ，界面活性なナノ粒子を作製することができる．この場合，ナノ粒子表面の分子状態がナノ粒子の界面吸着および界面での会合に強く影響する．液液界面でのナノ粒子の表面分子の吸着状態が，表面増強ラマン散乱を用いて研究された [39]．オレイン酸に覆われた銀ナノ粒子は，水相と液液界面ではまったく異なったオレイン酸の表面増強ラマン散乱（SERS）スペクトルを示す．この結果から，界面の有機相側では，オレイン酸はカルボキシル基で銀ナノ粒子の表面に結合しているが，水相側では，エチレン基で付着していることが示された．また，ドデカンチオール（DT）と銀ナノ粒子が界面で反応すると，有機相の初期DT濃度が増大すると，-S-C-の結合のラマンシフトよりドデシル基のトランス型の割合がゴーシュ型よりも多くな

ることが示された [40]. この表面状態の違いは界面ナノ粒子ドメインの SERS 基盤としての活性にも大きく影響する.

II. 固体界面

1. 固体表面

　固体表面における原子配列や化学構造，幾何学的構造はその吸着性，触媒作用，付着性，濡れ性などの物性を決める重要な要素である．固体と気体が接触している境界が固/気界面で，一般に固体表面とよばれる．また，気体の吸着などが固体表面の構造に影響を与えている．固体は原子が 3 次元的に周期性をもって結合したものである．その配列パターンは面心立方格子（face-centered cubic lattice），体心立方格子（body-centered cubic lattice），六方細密立方格子（hexagonal close-packed structure）といった構造をとっている．界面から数原子離れた固体内部のバルク（bulk）中では原子・分子が結合してこれらの格子の 3 次元周期構造をつくっているが，固体表面層ではバルクと異なる配列が見られる．表面付近の原子列の間の距離はバルクに比べて縮小または拡大していたり，表面原子は，内部にある原子と比べ隣接する原子が少なく結合が切れているため，不対電子で占められた，結合に寄与しない原子の結合の手（ダングリングボンド；dangling bond）をもつ．このダングリングボンドは不安定であるため，気体分子の吸着や解離によって結合を生成したり，ダングリングボンドどうしが角度を変えて結合したりして安定化する．これを表面再構成（surface reconstruction）とよび，バルクと異なる表面の周期構造を，再構成表面とよぶ [41].

　さらに，実在表面においては原子の配列が均一ではなく，表面に格子欠陥などが存在する．固体表面上の比較的平坦な部分はテラス（terrace）とよばれ，テラスの端では単分子層の段になっており，この段をステップ（step）とよぶ．またこのステップは直線状ではなく原子の欠損などによりキンク（kink）とよばれる折れ曲がりができる．さらに，テラスの平坦な面から原子が抜け出し欠損した穴を表面空孔（surface vacancy）とよび，抜け出した原子は付着原子（ad-atom）といい，表面上を動きまわっている．また，外から異種原子・分子

が表面に吸着していることもある．このように固体表面にはナノメートルレベルの段や凹凸が存在している．ステップやキンク，空孔は分子が吸着しやすい部分であり，表面反応や触媒反応において重要である [42]．

多孔質物質のように，その表面に細孔構造をもつ物質も多く存在する．固体表面の細孔はその大きさによりおもにミクロ孔（～2 nm），メソ孔（2～50 nm），マクロ孔（50 nm 以上）に分類される [43]．細孔構造をもつ表面では，表面積の増大およびダングリングボンド数の増加により平坦な表面よりも反応性が高く，また細孔の大きさにより気体などの吸着挙動が異なる．

固体高分子は高分子鎖が数原子ごとに折りたたまれるような構造をしている．しかし，規則正しい折りたたみばかりでなく，不規則な形状に折りたたまれている部位が多く存在する．そのような高分子鎖の折りたたみ不規則性が表面にもあるために，その表面は平坦でなく，分子鎖のとびだしが存在するため凹凸のある表面構造となる．たとえば，マイクロメートルオーダーのポリスチレン粒子は，その表面に数～数十 nm の大きさの突起が存在することが知られている [44]．

固/気界面において，上述のような固体表面に対して気体分子は物理的および化学的吸着をしている．吸着分子の構造は，固体表面および吸着分子どうしの相互作用により，無秩序構造，秩序構造，島状構造などをとっている [45]．

2．電気二重層

溶液を入れた容器壁面，液中に分散したコロイド粒子表面，電極の表面などは，溶液と固体表面が接する固/液界面である．この固/液界面の電気化学的性質は，さまざまな系においてとくに重要な役割を果たしている．ここでは固/液界面に形成される電気二重層（electric double layer）について説明する．固/液界面において，固体表面は水中に対して正または負に帯電する．この帯電の理由として，固体表面における電離基の解離反応や液中のイオンの吸着などがあげられる．このような場合，ほとんどの固体表面は負に帯電することが知られている．一方，プロトンの授受により帯電する金属の酸化物やケイ酸塩および難溶性塩である AgI 粒子では，それぞれ水中の水素イオンおよび水酸化物イオン，Ag^+ および I^- イオンの濃度によって正に帯電したり，負に帯電したりす

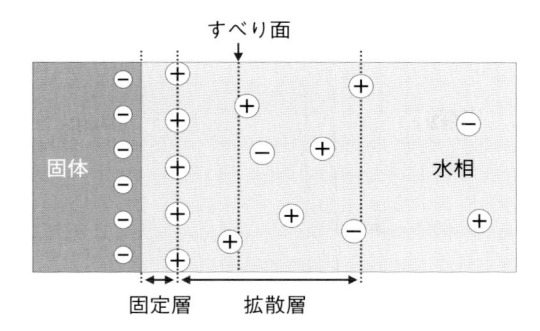

図 6 スターンモデルによる電気二重層の概略図

る．このとき表面の電荷がゼロになるときの水素イオン濃度および電位決定イオン（一般に Ag^+）濃度をゼロ電荷点（zero-point of charges）とよぶ．このように水中において固体表面が帯電する一方で，水相には固体表面に固定されたイオンとは反対符号の電荷をもつイオン，水の解離や添加塩などによる正・負イオンが存在している．水中に存在するこれらのイオンで，固体表面と反対符号のイオンを対イオン（counter ion），同符号のイオンを副イオン（co-ion）とよぶ．これらのイオンは水中で均一に分布しておらず，固体表面近傍において電気的中性を保つように対イオンの濃度が大きくなり，雲状に分布する．このような界面での電荷の不均一な分布を電気二重層とよぶ [46, 47]．

界面における電気二重層はスターン（Stern）のモデルによって表される．スターンモデルの概略図を図6に示した．スターンモデルにおいて電気二重層は固定層（Helmholtz 層）と拡散層（Gouy-Chapman 層）から形成されている．固定層では固体表面の電荷と反対符号の対イオンが平板コンデンサ状に固定されており，その厚さは数Å である．固定層より液相側の拡散層では，イオンは一定距離に固定されておらず，熱運動により拡散的に分布している．拡散層中に含まれるイオンは対イオンが多く，副イオンも含まれるが，水相のバルク中に比べその濃度は非常に小さい．電気二重層の厚さは液中のイオンの価数と濃度が高いほど薄くなり，10^{-1}〜10^3 nm である．

水中の帯電固体表面，つまり固/液界面には例外なく電気二重層が形成されているため，固体表面はこの電気二重層を含めた電気的性質をもつ．固体の表

面電位は電場をかけたときにおこる界面導電現象を観測することにより測定できる．液中の微粒子の表面電位を測定するのには電気泳動（electrophoresis）が一般に利用される．電気泳動とは微粒子の分散溶液に電場を印加したときに微粒子が電極の方向へ移動する現象である．この微粒子の電気泳動において，固定層と拡散層の一部が固体とともに移動するため，固体とともに動く電気二重層と水相との間に相対的すべり運動がおこることから，この位置をすべり面とよぶ．電気二重層の存在により，固体の表面電位は表面からの距離が大きくなるほど減衰している．電気泳動により求められる電位はこのすべり面における電位であり，これをゼータ電位（zeta potential）とよぶ．このゼータ電位は電気二重層内の固定層のやや外側の電位であるが，一般に固体の表面電位と等しいとして扱われる．

このような電気二重層の存在は固体表面間の相互作用力にも寄与している．2つの固体表面が近づくと電気二重層の重なりが発生し，表面間では対イオン濃度が増加して，静電反発力を生じる．このような固体表面間の静電相互作用は水中のコロイド粒子の分散の安定性などに寄与している．

3．表面修飾

固体表面と気体，液体および溶液内の分子との相互作用は固体表面の化学的性質が重要な要素である．たとえば，液体には水のような極性溶媒と有機溶媒のような無極性溶媒がある．極性をもつ液体はガラスのような帯電した固体表面との親和性が高く，一方，無極性溶媒はテフロンのようなほとんど帯電しない固体表面との親和性が高い．固体表面を化学結合により修飾してやることでその性質を変えることができ，またさまざまな機能をもたせることができる．このように固体表面修飾により幅広い分野での応用が可能となる．

固体表面の化学的性質の制御として界面活性剤（surfactant）の吸着があげられる．界面活性剤は分子内に親水基と疎水基をもっており，このような分子を両親媒性とよぶ．界面活性剤分子の疎水基は通常，長鎖の炭化水素であり，親水基の性質から両性，陽イオン（cation）性，陰イオン（anion）性，非イオン性に分けられる．界面活性剤はその性質から界面と静電的および化学的に相互作用し，界面活性剤の親水基の性質および固体表面の親水性や帯電により，単分子

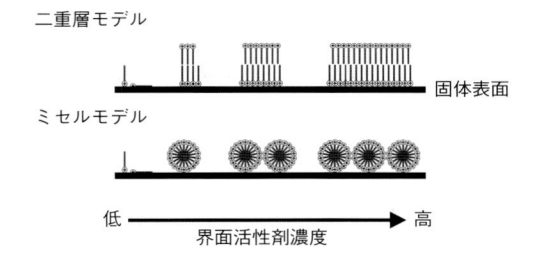

図 7　金属酸化物表面における陽イオン性界面活性剤の吸着

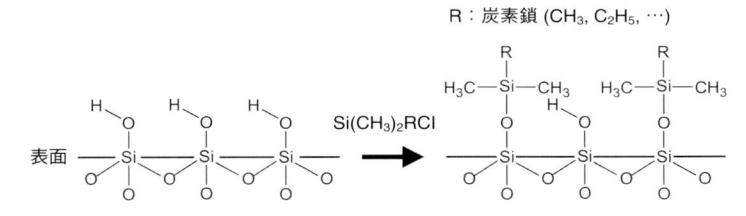

図 8　シランカップリング剤によるガラス表面の修飾

や集合体として吸着する．図7に金属酸化物表面への陽イオン性界面活性剤の吸着モデルの一例を示す．界面活性剤は低濃度領域においては単分子として親水基の静電相互作用により固定表面へ吸着し，また分子内の疎水基は固体表面の疎水的な部位と相互作用する．濃度が高くなると分子どうしが相互作用し，ミセル（micelle）や二分子層（bilayer）として吸着するため，固体表面では単分子層は形成されず，縞状構造や島状構造が見られる．さらに濃度が高くなると，固体表面は界面活性剤の二分子膜に覆われていく [48]．

固体表面の一般的な化学修飾としてシランカップリング剤による官能基の導入があげられる．ガラス表面には図8に示すようにシラノール OH 基が存在していることから，その表面は親水性である．ジクロロジメチルシランなどを四塩化炭素やトルエンに溶かしたものにガラスを数十分から数時間浸すことで，ガラス表面に炭素鎖を導入することができる．炭素鎖を導入されたガラス表面は疎水性となる．

さらに炭化水素以外の官能基を末端に有するカップリング剤を用いることで，さまざまな機能を固体表面にもたせることが可能である．固体表面に COOH

基または NH₂ 基を導入してやり，タンパク質の末端のアミノ酸の NH₂ 基または COOH 基とアミド結合させることによりタンパク質を固定化することができる．このようにタンパク質を固定化した基板は免疫反応や分子認識反応に利用されている．

　チオール SH 基を末端に有する有機分子は，容易に金表面の金に S 原子で結合する．長鎖アルキルチオールなどは，金表面上において高密度で規則的な分子配列をもつ自己集合単分子膜（self-assembled monolayer membrane）を形成できる [49]．

　さらに，表面全体を均一に修飾するのではなく，処理溶液を部分的にスポットしたり，処理時に固体表面をマスクしたりして，場所により異なる性質をもつ表面を作製することもできる．イオンや分子の各部位への吸着性の違いは，バイオセンシングやパターニングに利用されている．

4．表面間力測定

　固体表面間にはたらく力は，おもにファンデルワールス力（van der Waals force）と静電的相互作用力である．これらの固体表面間にはたらく相互作用力はその表面の性質および状態を反映している．また特定の分子や表面と特異的な相互作用をもつような修飾をした表面に対する吸着力を測定することで，表面における分子や官能基の存在の有無の検証が可能である．2 種の固体表面間にはたらく相互作用力の測定には，通常，表面力測定法が用いられ，0.1 nm，10 nN の分解能で，表面の高分子電解質ブラシ層の厚さや硬さ，固液界面の液体の構造などが測定できる．とくに，赤外吸収分光法と組み合わせると液体構造の変化が振動スペクトルとしても検出できる [50]．最近は微粒子をカンチレバーにつけて固体表面との相互作用力を原子間力顕微鏡（atomic force microscopy）により測定することが多い．また最近，磁場や電磁場により微粒子にはたらく力を制御し，表面に対するその吸着力を非接触的に測定する手法も開発されている．

　電磁泳動力を利用する手法について説明する．図 9 に示すように，電解質溶液に磁場とそれに直交する電流を印加するとローレンツ力が生じるが，これは溶液中の微粒子に対しては浮力としてはたらく [51]．この電磁泳動浮力を，電

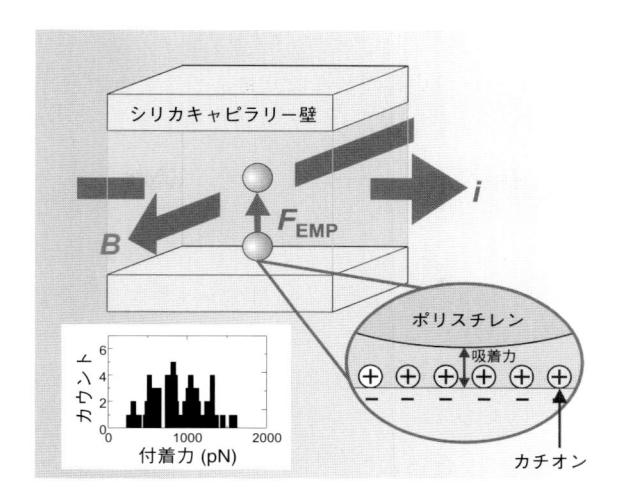

図 9 電磁泳動力を用いる電解質溶液中の微粒子の固体表面への付着力測定

流により制御することにより，微粒子と固体表面との間の付着力を 1 pN の精度で測定することができる．この方法により 10〜20 μm のサイズの液中ポリスチレン微粒子のシリカ表面に対する付着力が測定された．このとき，非イオン性，陽イオン性，および陰イオン性の3種類の界面活性剤を添加したときの付着力への影響も測定された．1 M 塩化カリウム中では，イオン強度が大きいため，ポリスチレン表面およびシリカ表面に形成している電気二重層の厚さは数 nm 以下であり，この表面間にはたらく静電相互作用力はほとんど無視できる．そのため，表面間のファンデルワールス引力が付着力として測定された．さらに，界面活性剤の存在による付着力の変化は，付着面に存在する界面活性剤分子内の炭素数と親水基の電荷の符号に依存した．界面活性剤はポリスチレン粒子表面およびシリカ表面に吸着しており，これが表面間のスペーサーとしてはたらく．炭素数が大きいほど表面間距離は増大し，ファンデルワールス力を減少させた．また，陰イオン性界面活性剤の存在下では付着力の増大がみられた．これは固体表面に形成している対イオンの層（ここでは陽イオン）と微粒子に付着した陰イオン性界面活性剤との相互作用が増大したためと考えられる [52]．さらに，電磁力の方法は，生体細胞の付着力測定にも応用された．生体細胞表面には特定の分子と相互作用するリガンドやレセプターが存在するた

め，その吸着挙動を観測することにより，細胞表面のリガンドなどの有無やその相互作用のキャラクタリゼーションができる．糖と特異的に相互作用するタンパク質として知られているレクチンの一種で，マンノースを特異的に認識するコンカナバリン A を固定化した表面に対して，生体細胞の吸着挙動を観測した．その結果，細胞表面上にマンノース含有糖鎖をもつ酵母細胞は吸着するが，赤血球のような細胞表面糖鎖中にマンノースを含まない細胞の吸着はみられなかった．このような生体細胞の吸着挙動の違いから細胞表面糖鎖のキャラクタリゼーションが可能である．また，この場合，コンカナバリン A 修飾表面に対する酵母細胞の吸着力測定により，酵母細胞表面におけるマンノース含有糖鎖とコンカナバリン A 単一分子との相互作用力は 30～40 pN であった．さらに，本法によりこの相互作用の解離速度定数が得られた [53]．

III．ナノ粒子

1．ナノ粒子の分類

　近年ナノ粒子の工業的・商業的応用が急激に進んでいる．現在では日常の身近な商品にさえ "ナノ粒子" という言葉を目にすることが増えてきた．たとえば酸化チタンナノ粒子は優れた紫外線吸収能や光触媒作用 [54] のために注目されており，実用化も進んでいる．また，CdSe などの半導体ナノ粒子は蛍光色素に代わる退色の少ない蛍光プローブとして期待されている [55]．金や銀などの金属ナノ粒子は古くから知られているが，いまもなお特異的な光学的性質や電子移動能のために盛んに研究されている．カーボンナノチューブなどの炭素ナノ粒子は特異な電気化学特性，機械的特性などのために幅広く研究されている．

　ナノ粒子は，その大きな比表面積のため，バルク物質とは異なった特異な性質をもつ．粒子直径 D と，粒子を構成する表面原子の数を粒子内部の原子数で割った比 N_s/N_v とを比較してみよう．$D \geq 100$ nm では，粒子はバルク状態に近づき，N_s/N_v はほとんど 0 となる．1 nm $\leq D \leq 100$ nm では N_s/N_v は 1 に近づき，表面原子の比率が圧倒的に増加する．これはナノ粒子の反応性の高さとして現れてくる．さらに小さなサブナノ粒子だと，原子数十個からなり，もはや表面と内部を分けることができなくなる．この領域の金属ナノ粒子は金属

表 1 微粒子の分類

	サブナノ粒子	ナノ粒子	サブマイクロ粒子
直径	$D \leq 1\,\text{nm}$	$1\,\text{nm} \leq D \leq 100\,\text{nm}$	$100\,\text{nm} \leq D$
原子数	$2 < N \leq 20$	$20 \leq N \leq 10^7$	$10^7 \leq N$
表面原子数/内部原子数	—	$N_s/N_v \leq 1$	$N_s/N_v \ll 1$

的性質よりも分子的な性質をもつようになる．表1から，ナノ粒子の領域において原子数と表面比率が大きく変化することがわかる．ナノ粒子は分子とバルク物質の中間の存在であり，その性質は粒径によって大きく変化することが予想される．たとえば，金属ナノ粒子の可視光への応答性は，直径 $10\,\text{nm}$ あたりを境に変化する．粒子の直径が光の波長程度に大きいと，ナノ粒子の複素誘電率はバルク金属とほとんど変わらないが，粒径によって光吸収，散乱が変化する．一方，直径がそれより小さいと，ナノ粒子の複素誘電率自体が変化してしまい，そのために光吸収，散乱スペクトルが変化する．

ナノ粒子を扱う上でひとつ注意すべきことは，意図的に製造されたかどうかにかかわらず，人工的なナノ粒子は毒性をもつ可能性があることである．ナノ粒子の動物，自然環境への毒性（もしくは薬理性）は近年研究されはじめたばかりであり [56,57]，まだ明らかではないが，今後も注目されるべき分野である．

2. ナノ粒子の構造

ナノ粒子の形態と表面の構造によってナノ粒子の比表面積は大きく変化し，光学的・電気的・磁気的性質も大きく影響を受ける．そのためナノ粒子の形態と結晶構造を知ることは重要である．現在，多様な形態のナノ粒子が合成され，その構造が明らかにされている．

ナノ粒子の合成法としては，液液界面を利用する方法 [58,59]，逆ミセルを利用する方法 [60]，水熱合成 [61]，マイクロ波過熱 [62]，γ 線照射 [63]，光還元 [64] などがある．近年では多様な形態のナノ粒子を合成することが注目されており，立方体 [61]，ワイヤー [61]，プリズム [61,64]，ロッド [65] などのナノ粒子が合成されている（図10）．これらのほとんどが，形，大きさのそろった単分散の状態で合成できる．多くの形態のナノ粒子が合成されているが，これ

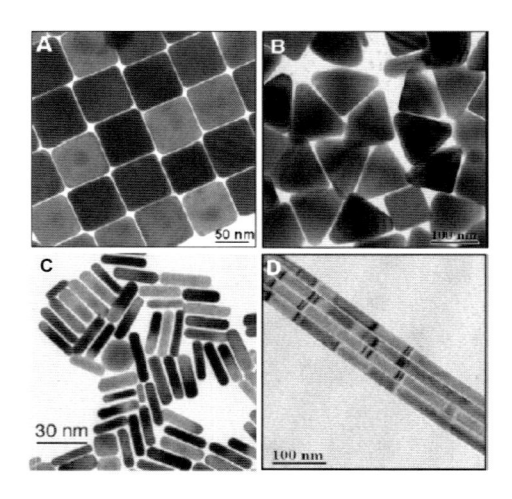

図 10　さまざまな形態のナノ粒子
(A) 立方体，(B) プリズム，(C) ロッド，(D) ワイヤー．[A, B, D：文献 61 より，C：文献 61a より]

ら多様な形態が生まれる原理はまだ明らかになっていない．合成時に添加される界面活性剤などの保護基が形態に大きく影響することは確かであるが，要因はそれだけではない [60, 61, 66]．サイズと形状の制御は，大きな課題である．

　直径が 5 nm を切るナノ粒子は，通常の TEM 観察では球にしか見えない．しかし高分解能 TEM 観察を行うと，そのような小さな粒子でも結晶構造をもっていることがわかる．通常，球に見えるナノ粒子は，実は十面体，四面体，立方八面体などの多面体またはそれらが伸長された構造をしている [67-70]．クエン酸還元で合成された金ナノ粒子は十面体もしくは擬似三角形をしている [67]．ただし結晶度が悪い場合には，明確な構造をもっていない場合もある [67]．

3. ナノ粒子集合体

　2 個以上のナノ粒子が集合すると，その配列の仕方と粒子間距離によって光学的・電気的・磁気的性質が変化する [58, 60]．たとえば，直径 40 nm 程度の金ナノ粒子水溶液は吸収ピークを 510 nm 付近にもち深い赤色をしているが，塩の添加などで凝集をおこさせると吸収ピークが長波長へシフトし幅広くなり，

きれいな青に変化する．ナノ粒子の配列を制御することは新規なナノ材料の創製に必要不可欠であろう．

規則的にナノ粒子が配列した構造をつくり，しかもその規則性をマクロなスケールまで保つためには，粒径のそろった粒子を用いることが必要である．どの合成法でつくったナノ粒子であっても，さらに粒径をそろえる必要がある．それには良溶媒/貧溶媒を用いた沈殿法 [71,72] がよい．たとえば疎水性ナノ粒子であればクロロホルムにナノ粒子を分散し，エタノールを添加していくと溶液が曇りはじめるので，遠心分離にかけ大きな粒子を沈殿させる．上澄みには小さな粒子が残っている．沈殿を再度分散させ，同じことをくり返す．この方法によって粒子直径の分散を 15％ 以下にすることが可能である．注意すべきことは，洗いすぎによっておこるナノ粒子表面の保護剤（アルキルチオールやアミンなど）の脱離である．そのため，この作業はできるだけ素早く済ませる．

4. 固体表面での配列

ナノ粒子を固体基板に規則正しく配列させる方法はいくつか存在する．ひとつはナノ粒子を揮発性有機溶媒に分散させ，基板上で有機溶媒を蒸発させて，基板にナノ粒子のみを残す方法である．ナノ粒子を有機相に分散させるためには，ナノ粒子表面を疎水性にする必要がある．ドデカンチオールの自己組織単分子膜（SAM）を粒子表面に付けて疎水性にするのがよい [72]．Brust ら [58] あるいは Heath ら [59] の合成法の場合は，初めから有機相に分散した粒子ができるので便利である．もうひとつは，基板を数時間ナノ粒子溶液に漬けておき，基板とナノ粒子の物理的・化学的相互作用によりナノ粒子を吸着させ集合させる方法である．粒子を並べる基板には HOPG や雲母が使用される．

ドデカンチオールで保護された単分散の四面体銀ナノ粒子を用い，溶媒を蒸発させる方法によって，六方最密充填したナノ粒子の単層膜が形成されている（図 11 の左図）[71]．

2つの粒径の異なるナノ粒子を同じ溶液に分散させ基板に配列させると，面白い現象がおきる．図 11 の右図は，直径 4.5 ± 0.8 nm と 7.8 ± 0.9 nm の金ナノ粒子によってつくられた AB_2 タイプの格子構造である [73]．この格子構造は直径比率が 0.48 以上，0.62 以下のときのみ生成される．

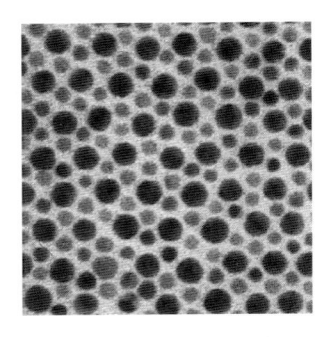

図 11 配列した四面体銀ナノ粒子 (左) と，粒径が 4.5 ± 0.8 nm と 7.8 ± 0.9 nm の金ナノ粒子による AB_2 タイプの格子構造の形成 (右)

[左：文献 81 より，右：文献 73 より]

2次元構造だけでなく，3次元にナノ粒子の集合した構造が得られる．Pileni らはドデカンチオールで保護された直径 4.1 nm のナノ粒子を用い，積層したナノ粒子を得ている [72]．{110} 面と {011} 面が観察されることから，面心立方構造が形成されていることがわかる．

5. 液体界面での配列

液体の表面あるいは界面はナノ粒子を配列させる場として使用されている．これを使用する利点は，固体表面と異なって平滑な表面を得ることが容易な点である．マクロな大きさまで平滑な固体基板はほとんどないが，液体の界面は容器との接点を除いてどこまでも平滑である．また液体界面では，吸着したナノ粒子であっても界面に水平な方向には比較的自由に移動することができる．このことは粒子の再配列を容易にし，粒子の規則的配列を促すと予想される．

空気/水界面でナノ粒子の最密充填構造をつくる場合には，通常，ナノ粒子が低濃度に分散した有機溶媒を水表面に滴下し，有機溶媒を蒸発させる．その後，表面積を減少させる圧縮を行い，ナノ粒子の表面密度を上げていく．しかし，この方法ではマクロな領域まで規則正しい構造をつくることはむずかしい [74, 75]．問題点は，圧縮の際にナノ粒子のドメインができてしまうことだ．このドメインはいくつも存在し，それぞれが固体状になっているため，圧縮を行うとドメイン間に隙間が残ったり，ドメインどうしが重なり合ってしまう．

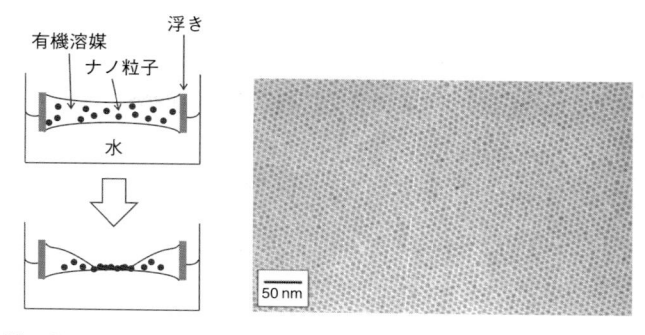

図 12 溶媒の蒸発を利用した空気/水界面へのナノ粒子の配列方法（左）と，この方法で得られたナノ粒子の単層膜（右）

[右：文献 76 より]

このためマクロな大きさまで規則的な構造を維持させることができない．この問題を解決するためには，複数のドメインではなく単一のドメインができるようにし，そのドメインのみを成長させればよい．この方法によればセンチメートルの領域まで規則的な構造を保った金ナノ粒子単層膜が作製できる [76]．その方法を図 12 左側に示す．まず環状の浮きを水表面に置き，水面の中央をわずかに山形にする．そこへナノ粒子の分散した有機溶媒を滴下し，図 12 左上の状態にする．有機溶媒が蒸発していくと，まず初めに水面の中央部分が露出する．これに伴ってナノ粒子が水表面に単層で残り，円状の単層膜をつくる．この単層膜の淵は水と有機溶媒と空気が接する線（三重線）であって，有機溶媒のさらなる蒸発による対流によってナノ粒子は三重線に輸送され，単層膜を成長させる（図 12 左下）．この方法によって，図 12 右のようなまったく切れ目のない一様な配置が形成される．

　液液界面を用いる方法もある．液液界面の特徴は，有機相，水相の両方から界面に物質が吸着し，反応することができる，ということである．ナノ粒子を有機相または水相に分散させ，他方の相にナノ粒子の表面に吸着あるいは反応するような分子を溶かしておく．すると界面反応により，ナノ粒子表面の一部が反応分子で修飾され界面吸着性となる．たとえば，有機相中に直径 1.4 nm の金ナノ粒子を分散させ，水中にシステインなどのチオール化合物を溶かし，これらを液液界面で反応させると，広い領域にわたって六方最密構造を保ったナ

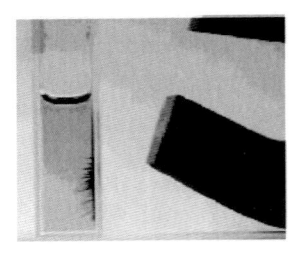

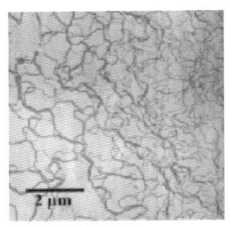

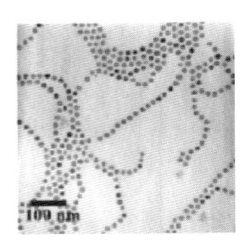

図 13 磁場によって紐状に配列したコバルトナノ粒子
(左) セル内で磁場の方向に配列した粒子. (中央, 右) 配列した粒子の TEM 像. [文献 80 より]

ノ粒子単層膜が得られる [77]. チオール化合物の代わりに PVP などの高分子を用いても, 同様のナノ粒子膜が得られる. また, 有機相中のテトラピリジルポルフィリンと水相中の直径約 5 nm の金ナノ粒子を液液界面で反応させても, 単層のナノ粒子膜が得られる [78]. ポルフィリンがナノ粒子の連結距離を制御し, 配列の形成を促進している. この方法には多様な分子が使用できるだろう.

6. 磁場による配列

コバルト [79], 酸化鉄 [80] などの超磁性ナノ粒子は磁場下で磁場の方向に沿ってひも状に集合する. これは磁場によって磁場と平行な磁気モーメントがナノ粒子に生まれ, ほかの粒子と相互作用するからである. 2つの粒子が磁場の方向と平行に並ぶと粒子間に引力が働くが, 垂直に並ぶと斥力が働く. これによって紐状のナノ粒子集合体ができる. 直径 15 nm のコバルトナノ粒子は 0.05 T という小さな磁場で紐状に配列される (図 13).

文献

[1] Marcus, R. A.: *J. Phys. Chem.*, **94**, 4152 (1990)
[2] Marcus, R. A.: *J. Phys. Chem.*, **94**, 7742 (1990)
[3] Lee, L. T. *et al.*: *Phys. Rev. Lett.*, **67**, 2678 (1991)
[4] Schmidt, J. W.: *Phys. Rev. A*, **38**, 567 (1988)
[5] Benjamin, I.: *Annu. Rev. Phys. Chem.*, **48**, 407 (1997)
[6] Yurtsever, E. *et al.*: *Ber. Bunsenges. Phys. Chem.*, **91**, 600 (1987)

[7] Henderson, D. et al.: *J. Chem. Soc., Faraday Trans.*, **92**, 3839 (1996)
[8] Frank, S. et al.: *J. Electroanal. Chem.*, **483**, 18 (2000)
[9] Mitrinovie, D. M. et al.: *Phys. Rev. Lett.*, **85**, 582 (2000)
[10] Luo, G. et al.: *Faraday Discuss.*, **129**, 23 (2005)
[11] Luo, G. et al.: *Electrochem. Comm.*, **7**, 627 (2005)
[12] Carpenter, I. L. et al.: *J. Phys. Chem.*, **94**, 531 (1990)
[13] Zhang, Y. et al.: *J. Chem. Phys.*, **103**, 10252 (1995)
[14] Michael, D. et al.: *J. Phys. Chem.*, **99**, 1530 (1995)
[15] van Buuren, A. R. et al.: *J. Phys. Chem.*, **97**, 9206 (1993)
[16] Braslau, A. et al.: *Phys. Rev. Lett.*, **54**, 114 (1985)
[17] Braslau, A. et al.: *Phys. Rev. A*, **38**, 2457 (1988)
[18] Penfold, J. et al.: *J. Phys.: Condens. Matter*, **2**, 1369 (1990)
[19] Walker, R. A. et al.: *Colloid. Surface. A*, **154**, 175 (1999)
[20] Brown, M. G. et al.: *J. Phys. Chem. A*, **104**, 10220 (2000)
[21] Scatena, L. F. et al.: *J. Phys. Chem. B*, **105**, 11240 (2001)
[22] Scatena, L. F. et al.: *Science*, **292**, 908 (2001)
[23] Brown, M. G. et al.: *J. Phys. Chem. B*, **107**, 237 (2003)
[24] Scatena, L. F. et al.: *Chem. Phys. Lett.*, **383**, 491 (2004)
[25] Du, Q. et al.: *Science*, **264**, 826 (1994)
[26] Goh, M. C. et al.: *Chem. Phys. Lett.*, **157**, 101 (1989)
[27] Goh, M. C. et al.: *J. Phys. Chem.*, **92**, 5074 (1988)
[28] Pohorille, A. et al.: *J. Mol. Struc-Theochem.*, **284**, 271 (1993)
[29] Conboy, J. C. et al.: *Appl. Phys. A*, **59**, 623 (1994)
[30] Watarai, H. et al.: *Bull. Chem. Soc. Jpn*, **76**, 1471 (2003)
[31] Ohashi, A. et al.: *Anal. Sci.*, **17**, 1313 (2001)
[32] Tokimoto, T. et al.: *Langmuir*, **21**, 1299 (2005)
[33] Nagatani, H. et al.: *Anal. Chem.*, **70**, 2860 (1998)
[34] Fujiwara, K. et al.: *Langmuir.*, **22**, 2482 (2006)
[35] Wada, S. et al.: *Anal. Sci.*, **20**, 1489 (2004)
[36] Adachi, K. et al.: *J. Mater. Chem.*, **15**, 4710 (2005)
[37] Adachi, K. et al.: *Soft Matter*, **1**, 292 (2005)
[38] Adachi, K. et al.: *Langmuir*, **22**, 1630 (2006)
[39] Yamamoto, S. et al.: *Anal. Sci.*, **20**, 1347 (2004)
[40] Yamamoto, S. et al.: *Langmuir*, **22**, 6562 (2006)
[41] Kittel, C.: キッテル固体物理学入門〔下〕(宇野良清他 訳), 第 8 版, 丸善 (2005)
[42] 前田正雄 他：表面の構造, 朝倉書店 (1971)
[43] Rouquerol, J. et al.: *Pure Apll. Chem.*, **66**, 1739 (1994)
[44] Suresh, L. et al.: *J. Colloid Interface Sci.*, **183**, 199 (1996)

[45] 吉信 淳 他：界面ハンドブック（岩澤康裕 他 編），p.119, エヌ・ティー・エス (2001)
[46] 近澤正敏 他：界面化学（井上晴夫 他 編），丸善 (2001)
[47] 北原文雄 他：最新コロイド化学，講談社 (1990)
[48] Fan, A. *et al.*: *Langmuir*, **13**, 506 (1997)
[49] Ulman, A.: *Chem. Rev.*, **96**, 1533 (1996)
[50] Mizukami, M. *et al.*: *J. Am. Chem. Soc.*, **124**, 12889 (2002)
[51] Watarai, H. *et al.*: *Anal. Sci.*, **20**, 1 (2004)
[52] Iiguni, Y. *et al.*：*Bull. Chem. Soc. Jpn.*, **79**, 48 (2006)
[53] Iiguni, Y. *et al.*: *Anal. Sci.*, **23**, 121 (2007)
[54] Hashimoto, K. *et al.*: *Jpn. J. Appl. Phys.*, **44**, 8269 (2005)
[55] Smith, A. M. *et al.*: *Photochem. Photobiol.*, **80**, 377 (2004)
[56] Oberdorster, G. *et al.*: *Environ. Health Persp.*, **113**, 823 (2005)
[57] Stolle, L. B. *et al.*: *Toxicol. Sci.*, **88**, 412 (2005)
[58] Brust, M. *et al.*: *Colloid. Surface. A*, **202**, 175 (2002)
[59] Leff, D. V. *et al.*: *Langmuir*, **12**, 4273 (1996)
[60] Pileni, M. P.: *C. R. Chimie.*, **6**, 965 (2003)
[61] Yu, D. *et al.*: *J. Phys. Chem. B*, **109**, 5497 (2005)
[61a] Jiang, X. C. *et al.*: *Physicochem. Eng. Aspects*, **277**, 201 (2006)
[62] Yamamoto, T. *et al.*: *Bull. Chem. Soc. Jpn.*, **77**, 757 (2004)
[63] Henglein, A.: *J. Phys. Chem.*, **83**, 2209 (1979)
[64] Jin, R. *et al.*: *Science*, **294**, 1901 (2001)
[65] Juste, J. P. *et al.*: *Coordin. Chem. Rev.*, **249**, 1870 (2005)
[66] Filanalekembo, A. *et al.*: *J. Phys. Chem. B*, **107**, 7492 (2003)
[67] Duff, D. G. *et al.*: *Angew. Chem. Int. Ed. Engl.*, **26**, 676 (1987)
[68] Ueban, J.: *Cryst. Res. Technol.*, **33**, 1009 (1998)
[69] Lisiecki, I. *et al.*: *Phys. Rev. B*, **61**, 4968 (2000)
[70] Salzmann, C. *et al.*: *Langmuir*, **20**, 11772 (2004)
[71] Korgel, B. A. *et al.*: *J. Phys. Chem. B*, **102**, 8379 (1998)
[72] Taleb, A. *et al.*: *Chem. Mater.*, **9**, 950 (1997)
[73] Kiely, C. J. *et al.*: *Nature*, **396**, 444 (1998)
[74] Chi, L. F. *et al.*: *Thin Solid Films*, **327-329**, 520 (1998)
[75] Huang, S. *et al.*: *J. Vac. Sci. Technol. B*, **19**, 115 (2001)
[76] Santhanam, V. *et al.*: *Langmuir*, **19**, 7881 (2003)
[77] Schmid, G. *et al.*: *Eur. J. Inorg. Chem.*, **835** (2000)
[78] Srnova, I. S. *et al.*: *Nano Lett.*, **2**, 121 (2002)
[79] Cheng, G. *et al.*: *Langmuir*, **21**, 12055 (2005)
[80] Goubault, C. *et al.*: *Langmuir*, **21**, 3725 (2005)
[81] Wang, Z. L. *et al.*: *Adv. Matter.*, **10**, 808 (1998)

Chapter 4

ナノスケール構築
トップダウン構築

北森武彦・火原彰秀

● はじめに

　半導体加工技術を応用したトップダウン構築法は，化学・生化学・材料科学分野において強力なツールとなりつつある．ここでトップダウン構築とは，分子や粒子などの自発的な構造構築を利用するのではなく，人為的に設計したパターンを構築する手法である [1]．構造の大きさによりマイクロ加工・ナノ加工などと分類されることが多いが，基本となる考え方はほとんど同じである．本章では，ナノ構造だけでなく細胞生化学などで重要なマイクロ加工についても紙面を割いている．第I節以降で詳しく述べるが，構造の大きさを決めるのは，おもにリソグラフィーに用いる露光方法である．中には，非常に高価で研究室レベルでは所有できない装置もあるが，共通施設・共同利用施設などが整備されているため，化学・生化学・材料科学の研究者でも利用可能な情勢となっている．本章で紹介するトップダウン構築法は，いわゆる「マイクロ・ナノ加工法」の一部分でしかないが，トップダウン構築の基本を学ぶ上で基本となるものを取り上げて紹介する．

I. リソグラフィー

1. リソグラフィーの基本

　マイクロメートル（10^{-6}m, μm）からナノメートル（10^{-9}m, nm）の構造をトップダウン的に作製する技術としてもっともよく用いられるのは，リソグラフィーという手法である [2]．メタルマスクなどの型パターンを基板に写し取る手法である．パターンを写し取るためには，電磁波による露光が用いられることが多い．電磁波の波長と電磁波の名前の関係を図 1 に示す．露光する光の波長として可視光領域から紫外光領域を用いるものを，光リソグラフィーとよぶ．電磁波を用いたリソグラフィーの解像度 R は，

$$R = k_1 \frac{\lambda}{NA}$$

で表される．k_1 は約 0.6 の定数，λ は光波長，NA はレンズの開口数である．解像度は電磁波の波長に比例するため，より小さな解像度を実現するためには，短波長の紫外線を用いる方法（EUV リソグラフィー），X 線を用いる方法（X 線リソグラフィー）が研究されている．

　簡単のために，シリコン基板あるいはガラス基板に塗布したレジストにパターンを転写する場合を例に，工程を説明する．図 2 にリソグラフィーの基本工程を示す．まず，シリコンやガラス基板上にレジストを「スピンコート」する．この工程では，スピンコーターの試料台に基板をセットし，レジストを滴下する．次に，基板を回転させて遠心力により塗布するレジストを広げ，余分なレジストは基板外にとばす．回転数，レジストの粘度，溶媒の乾燥速度で膜

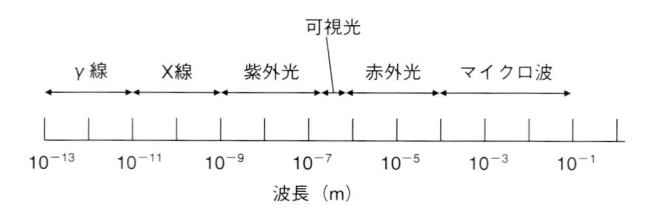

図 1　電磁波の波長と電磁波の名前の関係

図 2 リソグラフィーの基本工程

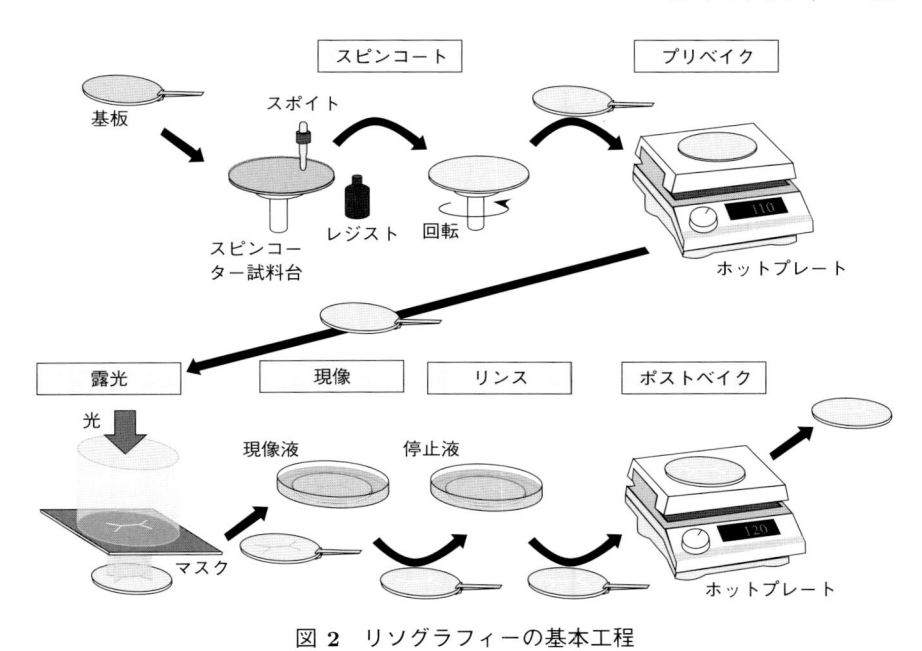

厚が決まり，基板上にほぼ均一の成膜が可能である．レジストの種類により，膜厚は 0.1〜300 μm と多様である．スピンコートしたレジスト中の溶媒を追い出し，レジスト膜を密にするために「プリベイク」を行う．紫外光を用いるリソグラフィーの場合，この基板をマスクアライナーにセットし，転写するパターンが描画されたメタルマスクを通して「露光」を行う．光照射された部分のパターンが現像液に溶けやすくなり，その部分だけ基板が露出するレジストをポジレジストとよぶ．逆に，光照射した部分以外の基板が露出するレジストをネガレジストとよぶ．露光後の基板を現像液に浸積することにより，パターンが形成される．次に，停止液により「リンス」することにより，レジストの現像を停止させる．乾燥後，レジスト中に残った現像液や停止液をとばし，レジスト膜のエッチングに対する耐性を向上させるために「ポストベイク」を行う．

2．露光方式

光は通常，マスクアライナーなどの機器を用いて照射される．一般的な紫外

線露光の方式では，紫外線ランプの光の強度分布を均一にし，平行光にしたのちにマスクを通してパターンを転写する．ここで使用するマスクには，クロム蒸着膜を加工したものが多く用いられる．マスクの作製には，後述する電子線露光を用いることが多い．ごく簡便にそこそこの解像度を得たい場合には，銀塩写真のフィルムを用いる方法や，パソコン用プリンターとOHPシートを用いる方法も用いられる[3]．その他の紫外線露光方式として，光の強度分布を均一にするのではなく，転写したいパターンどおりの光強度を生成するマスクレス露光がある．この方式ではマスクを形成する必要がないというメリットがある．可視光露光ではあるが，液晶プロジェクターを用いた簡便なマスクレス露光も提案されている[4]．この方式では，パソコン画面そのものを転写できるため，ソフト間のデータのやり取りなどを考える必要がない点で優れている．紫外線・可視光を用いるリソグラフィーでは，光波長から考えて，$1\,\mu m$程度以上の大きさのパターンを形成することが可能である．

紫外線より波長の短いX線を用いることにより，ナノオーダーのリソグラフィーが可能である．しかし，X線は紫外光・可視光領域と異なり汎用的な光学レンズがないため，露光に必要な平行光の生成は困難である．この問題を解決するために放射光施設のきわめて直進性のよいX線を光源としたリソグラフィーの方法が提案されている．ニッケルなどの金属基板上にポリメチルメタクリレート（PMMA）などをコートし，マスクを通してX線を照射する．X線照射された部分のポリマーは，化学結合が切れるため現像液（溶媒）に溶けだしやすくなる．ポリマーが溶けだしてパターンが転写される[5,6]．

さらに小さなナノスケールのパターンを形成する方法に，電子線描画法がある．この方法は，電子顕微鏡の光学系を用いて数nmの径をもつ電子線を操作することにより，$10\,nm$程度の大きさのパターンが形成可能である．

II. 構造形成

リソグラフィーによりレジストに転写されたパターン（構造）をそのまま利用する方法もあるが，多くの場合，リソグラフィーはエッチングやリフトオフ法と組み合わせられ，レジストではなく基板に構造を形成することが多い．各

方法について概略を説明する．

1．エッチング

　構造を形成したい基板をエッチングするためには，現像後に加工部分の基板が露出するように露光する必要がある[7]．露出した基板を腐食性の液体や気体などと接触させて加工するのがエッチングである．エッチング液を用いる湿式エッチング（wet etching）と，プラズマなどを用いる乾式エッチング（dry etching）がある．さらに，エッチングされる基板とエッチング液の組合せなどにより，等方性エッチングと異方性エッチングに分類される．図3に等方性エッチングと異方性エッチングの例を示す．等方性エッチングでは，露出した基板から全方位に均等にエッチングが進行する．これに対して，異方性エッチングでは露出した部分からまっすぐに加工が進行する．湿式エッチングは等方性である場合が多く，乾式エッチングでは異方性であることが多いが，必ずしも対応しているわけではない．

　単結晶基板を用いてエッチングを行う場合には，結晶面により溶出（腐食）速度が異なるために結晶方位に依存した形状が生成されることがある[7]．単結晶シリコン基板をKOH水溶液でエッチングする場合が有名である．（100）表面をもつ基板を湿式エッチングすると，（111）面の溶出がもっとも速いために断面が三角の形状が形成される．

　エッチング加工する場合，基板が腐食されている間，レジストが腐食を受けないのが理想的であるが，レジストがエッチング液により影響を受ける場合が

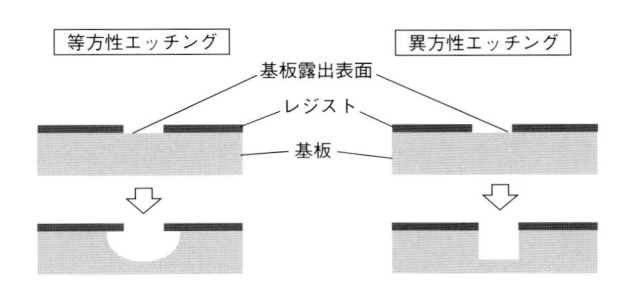

図3　等方性エッチングと異方性エッチング

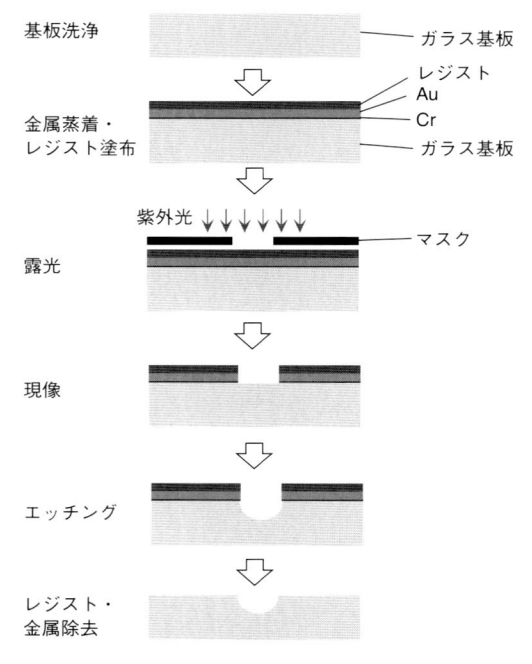

図の各ステップ（上から下へ）:
- 基板洗浄 ― ガラス基板
- 金属蒸着・レジスト塗布 ― レジスト / Au / Cr / ガラス基板
- 露光 ― 紫外光 ↓↓↓↓↓↓ ／マスク
- 現像
- エッチング
- レジスト・金属除去

図4　ガラスのマイクロ・ナノ加工プロセス

少なくない．そのため，加工しない表面（レジストを残した表面）を保護するために，基板とレジストの間に金属スパッタ膜などを挟むことがある．ガラスを加工する場合には，ガラスとレジストの間にクロム薄膜や金薄膜を挟み，基板を保護する．この場合，レジスト現像後に金属スパッタ膜をまずエッチングし，その後，基板をエッチングする．

　溶融石英ガラスやパイレックスガラスのマイクロ・ナノ加工を例に紹介する [8]．まず，ガラスを湿式エッチングする場合のプロセスの例を図4に示す [9]．ガラス基板にあらかじめクロム薄膜，金薄膜をスパッタしておき，ガラス表面を保護する．フッ化水素酸水溶液をエッチング液としたガラスエッチングをした場合，エッチングは等方的である．現像したパターンの外部まで大きくエッチングされて，加工断面は半円型（かまぼこ型）になる．マイクロ化学プロセスで用いられるマイクロチャネルを加工した例を図5に示す．

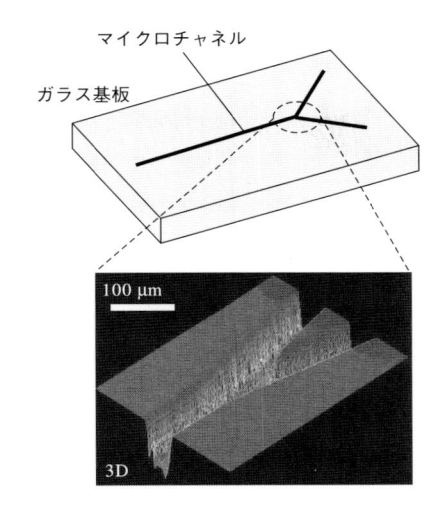

図 5 マイクロチャネル（マイクロ流路）の湿式エッチング加工の例
画像は，加工したマイクロチャネルを共焦点顕微鏡により観察した例．→口絵 3 参照

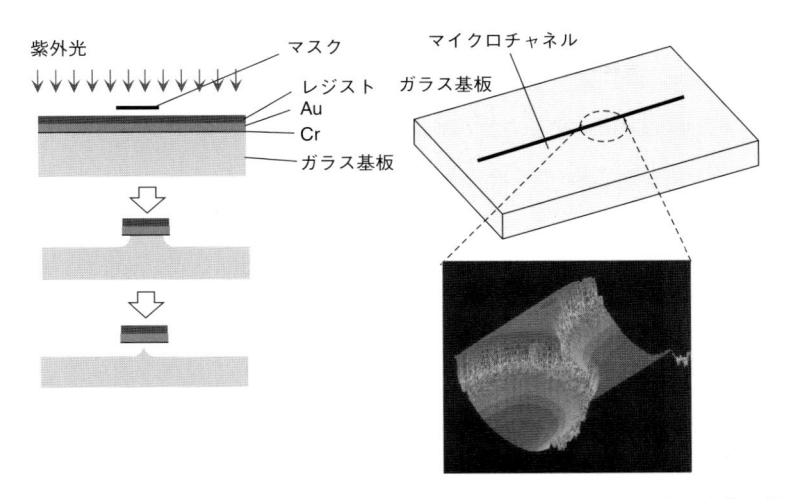

図 6 湿式エッチングを利用したマイクロチャネル中へのダム構造形成の例
→口絵 4 参照

　等方性エッチングだけを利用してもさまざまな構造が形成可能である．図 6 は，直線上のパターンの一部を欠損させておき，等方性エッチングによりパターンどうしがつながるように設計した例である．この加工により，マイクロ

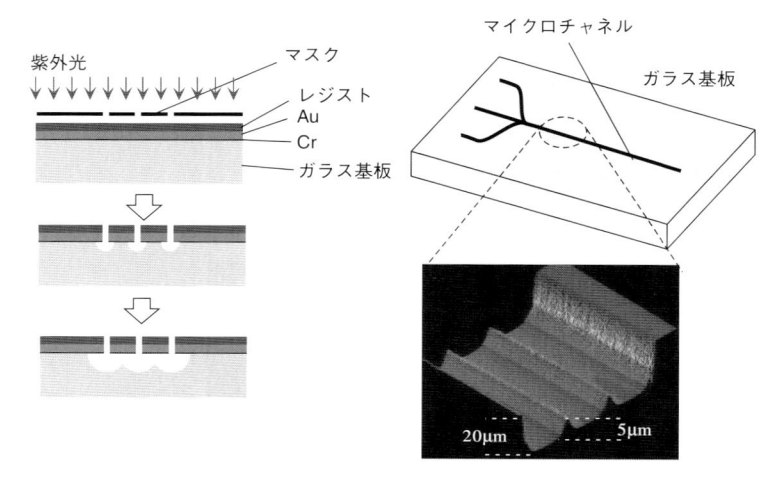

図 7 湿式エッチングを利用したマイクロチャネル中への尾根構造形成の例
→口絵 5 参照

流路中にダム構造が形成可能である [10]．図 7 は，3 本の平行な直線パターンから等方性エッチングによりパターンどうしがつながるように設計した例である．この加工により，マイクロ流路の底面に尾根構造を形成することが可能である [11]．一度エッチングまで終了したあとに，もう一度リソグラフィーに戻って 2 回目の加工をすることにより，複雑なパターンを形成することもできる．図 8 は，加工深さの異なる 2 つの流路がつながったパターンを形成した例である [12]．

次にガラスを乾式エッチングするプロセスの例を図 9 に示す．CF_4 や SF_6 の誘導結合プラズマで加工することにより，露出面から真下に加工される異方性エッチングが可能である [13]．図 9 には，幅 1 μm 程度の立方体構造をガラス基板上に加工した例を示す．異方性エッチングにより，チャネル構造やピラー構造が形成可能である．

このように構築したマイクロ・ナノ構造は，化学計測や生化学計測などの分野に非常に有効であることが近年示されている．これらの応用については第 10 章にて紹介される．

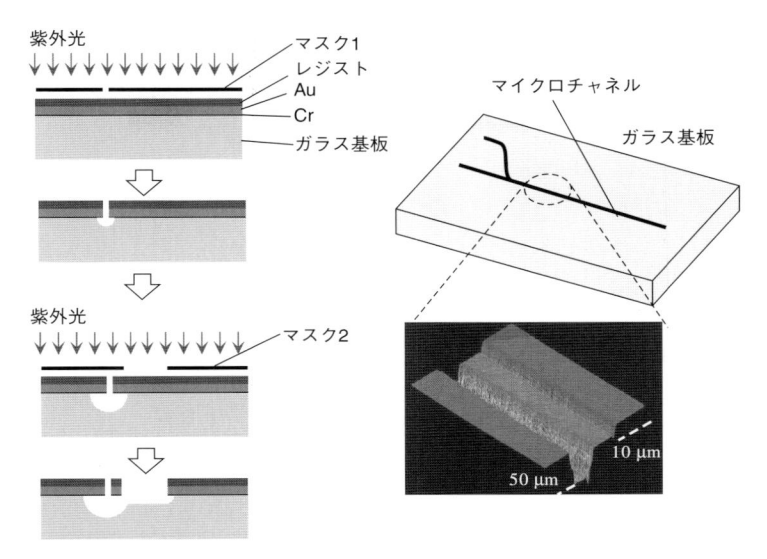

図8 2段階露光と湿式エッチングを利用して形成した非対称な多断面をもつマイクロチャネル

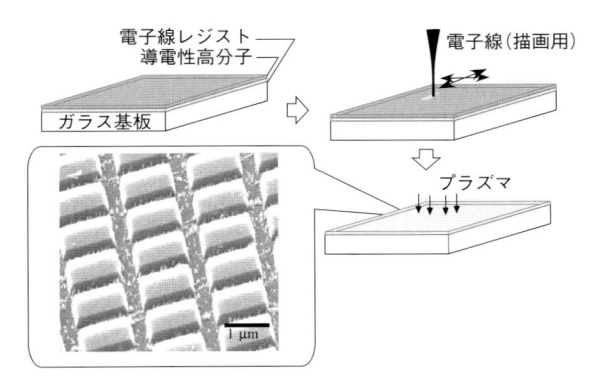

図9 電子線描画と異方性エッチング（プラズマエッチング）を利用したガラス加工の例

2. リフトオフ法

　エッチングは基板を加工する手法であるが，基板上にナノ電極を形成したい場合などには，リフトオフ法が用いられる．図10にリフトオフ法の原理を示

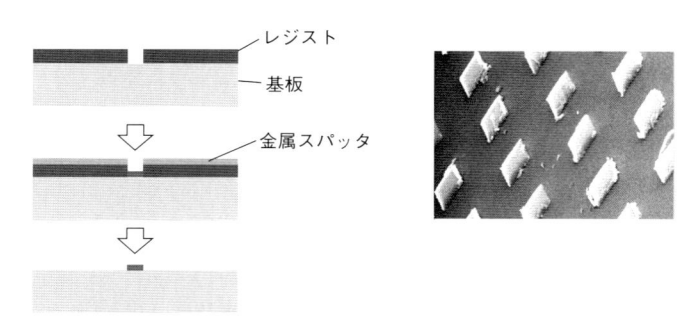

図 10 リフトオフ法により形成した金属パターンの例

す．リソグラフィーにより基板表面を露出させるところまではエッチングと共通である．リフトオフ法の場合，ここでスパッタ法などにより薄膜を全面に形成する．その後，レジストを除去する液体に浸積することにより，レジスト上の薄膜をレジストごと除去する．この操作により，リソグラフィーで転写したパターンどおりの薄膜パターンが形成可能である．図 10 には，ガラス上に金の孤立パターンを形成した例を示している．もちろん電極や配線構造も形成可能である．

3. 電鋳法

金属のナノ構造などを形成する場合，リフトオフ法のほかに電鋳法が用いられる．電鋳法による構造形成プロセスの例を図 11 に示す．この方法では，基板として金属を用いる，あるいは基板上に金属薄膜を形成する必要がある．この基板上にレジストを塗布し，リソグラフィーにより望みのパターンの金属表面を露出させる．この金属表面を電極としてニッケルなどの金属を析出させることにより，構造を作製する．電鋳法を利用する有名な加工法にLIGA法（Lithographie, Galvanoformung, Abformungの頭文字）がある [5]．LIGA法では，ニッケルなどの金属基板上にポリメチルメタクリレート（PMMA）などをコートし，マスクを通して放射光からのX線を照射する．X線が照射された部分のポリマーは，化学結合が切れるため現像液（溶媒）に溶けだしやすくなる．ポリマーが溶けだしたパターン転写部分に，金属を電解析出することによりパ

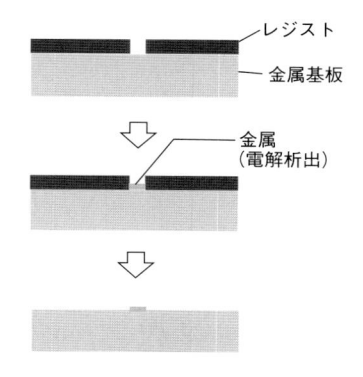

図 11　電鋳法の原理図

ターンを形成する．この方法により，非常に高アスペクト比の金属構造（テンプレート）を形成することができる．LIGA 法では，この金属構造を用いてプラスチックに高アスペクト比構造が転写可能である．

4. 光触媒リソグラフィー

　リソグラフィーは構造を形成するためだけでなく，さまざまな用途に利用可能である．光触媒の特性を活用した表面の化学的性質のパターニングが試みられている [14]．光触媒とは，酸化チタンに紫外光を照射すると，反応性のラジカルや過酸化水素などの反応活性種が生成し，その表面で化学反応が進行する現象である．図 12 に光触媒リソグラフィーの例をあげる．マスクを通して酸化チタンに紫外光を照射することにより，反応活性種発生の空間分布を制御できる．この反応活性種によって有機物を分解することにより，表面に化学的なパターンを生成することが可能である．

5. 光化学リソグラフィー

　光照射によりレジストの可溶性を変化させるのではなく，光化学分解反応を利用して表面の性質を変化させるリソグラフィーもある．リソグラフィーは，構造形成や前処理に用いられることが多い手法であるが，生化学測定そのものの一部として光化学リソグラフィーが利用されることもある．図 13 は，培養細胞の動きを調べるための分析手法の例である [15, 16]．あらかじめニトロベン

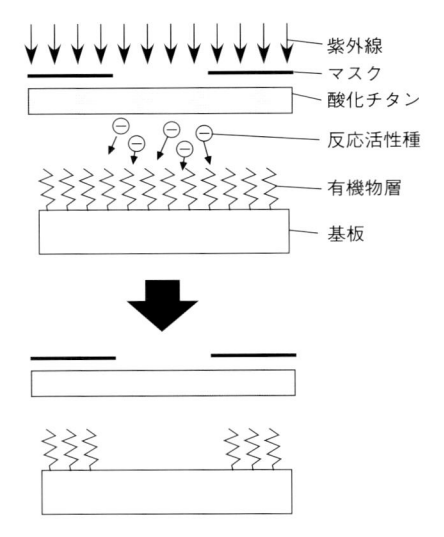

102 Chap. 4 トップダウン構築

図 12 光触媒リソグラフィーの原理図

ゼン基を途中に含む疎水性基で表面を修飾しておき，細胞非接着性タンパク質を吸着させる（ブロッキング）．ここに光波長 350 nm 程度の光を照射すると，光化学分解反応により表面が親水的になるとともに，細胞非接着性タンパク質が脱離する．この部分に細胞接着性タンパク質が吸着する．この原理を用いれば，部分的に細胞接着性タンパク質を吸着させた表面に細胞を事前に培養しておき，ある時刻に細胞接着性タンパク質の表面を光照射により形成し，基板上の細胞の移動などを研究することができる．

光リソグラフィーの非常に有名な例にオリゴ DNA アレイ [17] あるいはオリゴペプチドアレイ [18] をコンビナトリアル化学的に形成する手法がある．DNA アレイ形成の例を図 14 に示す．この手法では，光リソグラフィーを巧みに利用することで，DNA の 4 種の塩基の配列を場所ごとに変えたオリゴマーを形成できる．まず，紫外線照射により結合が切れる光反応性保護基を表面に修飾する．最初に形成したい塩基がチミン (T) の場合，形成したい場所のみにマスク 1 を通して紫外線を照射する．ここに，表面と反応性のある活性基と光反応性保護基をもつ DNA 塩基を導入すると，紫外線照射部位のみに結合する．このとき形成された DNA 鎖の末端は，再び光反応性保護基により終端されてい

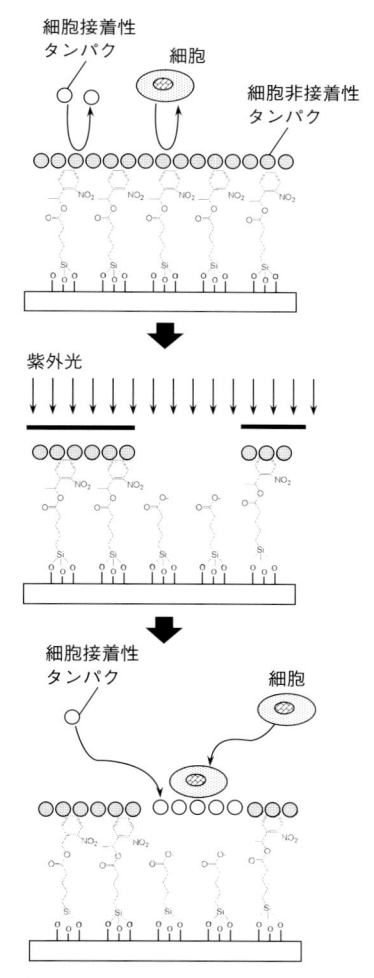

図13 光化学リソグラフィーを利用した表面パターニングの例
光照射前に細胞非接着性であった表面が，光照射後に細胞接着性表面へその場で変化．

る．この操作をくり返すことにより，任意配列かつ非常に多種のDNA鎖を，制御した場所にアレイ化することが可能である．生体内では，非常に多数の遺伝子が同時に発現しており，これを網羅的に解析することは困難であった．しかし，ここで紹介したDNAアレイは，多種類の遺伝子について発現プロファ

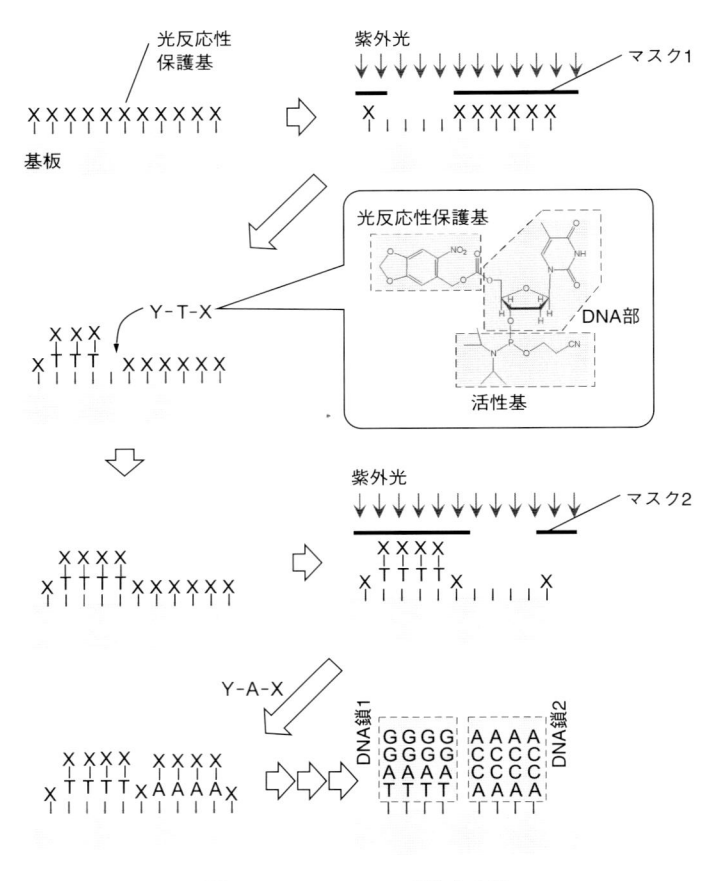

図 14 DNA アレイ形成の例

イルを一度に網羅的に解析できる可能性をもった手法であり，生命科学基礎分野や医療診断などの研究者から注目を集めている．

これらの例のように，"その場"でのリソグラフィーを巧みに利用することにより，新しい実験手法が生み出されることもある．

文献

[1] 樋口俊郎他：マイクロマシン技術総覧（樋口俊郎 編），産業技術サービスセンター (2003)

- [2] 高村 禅：マイクロ化学チップの技術と応用（北森武彦他 編），pp. 185-192, 丸善 (2004)
- [3] Duffy, D.C. *et al.*: *J. Micromech. Microeng.*, **9**, 211-217 (1999)
- [4] Itoga, K. *et al.*: *Biomaterials*, **27**, 3005-3009 (2006)
- [5] Becker, E.W. *et al.*: *Microelectron. Eng.*, **4**, 35-56 (1986)
- [6] 服部 正：マイクロ化学チップの技術と応用（北森武彦他 編），pp.192-210，丸善 (2004)
- [7] 佐藤一雄：マイクロ化学チップの技術と応用（北森武彦他 編），pp.192-210，丸善 (2004)
- [8] 内山堅慈：インテグレーテッド・ケミストリー——マイクロ化学チップが拓く科学と技術（北森武彦 監修），pp.60-70，シーエムシー出版 (2004)
- [9] Hibara, A. *et al.*: *Anal. Sci.*, **17**, 89-93 (2001)
- [10] Sato, K. *et al.*: *Lab on a Chip*, **4**, 570-575 (2004)
- [11] Tokeshi, M. *et al.*: *Anal. Chem.*, **74**, 1565-1571 (2003)
- [12] Hibara, A. *et al.*: *Anal. Chem.*, **77**, 943-947 (2005)
- [13] Hibara, A. *et al.*: *Anal. Chem.*, **74**, 6170-6176 (2002)
- [14] Tatsuma, T. *et al.*: *Langmuir*, **18**, 9632-9634 (2002)
- [15] Nakanishi, J. *et al.*: *J. Am. Chem. Soc.*, **126**, 16314-16315 (2004)
- [16] Nakanishi, J. *et al.*: *Anal. Chim. Acta*, **578**, 100-104 (2006)
- [17] Pease, A.C. *et al.*: *Proc. Natl. Acad. Sci. USA*, **91**, 5022-5026 (1994)
- [18] Fodor, S.P.A. *et al.*: *Science*, **251**, 767-773 (1991)

Chapter 5

ナノスケール構築

ボトムアップ構築
金属および半導体基板表面への機能性分子層の形成

近藤敏啓・山田 亮・魚崎浩平

● はじめに

　固体表面に種々の機能をもった分子層を固定し，表面特性を制御しようとする試みは比較的古くから行われている．なかでも両親媒性の分子を水面上に展開・圧縮し，単分子層を形成したのち，固体基板上に移しとるラングミュア・ブロジェット（Langmuir-Blodgett；LB）法は，高度に配向した分子層を種々の基板上に形成することが可能であり，しかも積層をくり返すことで多層膜も簡単に作製できることから，幅広く用いられている．しかし，LB法では特別の装置が必要である．また，形成された分子層は基板表面に物理的に吸着しているのみであり，基板構造との整合性など高度な機能は期待しにくい，といった制限がある．これに対してSagivは1980年に，トリメトキシシリル（-Si(OCH$_3$)$_3$）基やトリクロロシリル（-SiCl$_3$）基をもった長鎖アルキル化合物と表面水酸（-OH）基をもった固体を反応させると，共有結合で分子が表面に固定されるとともに，アルキル鎖どうしの相互作用によって高度に配向性が実現できることを見いだし，LB法との類似性を指摘した[1]．自発的に高度な配向性をもった分子膜が形成できることから，この過程は自己組織化（自己集合）（self-assembly；SA），形成された分子膜は自己組織化（自己集合）単分子

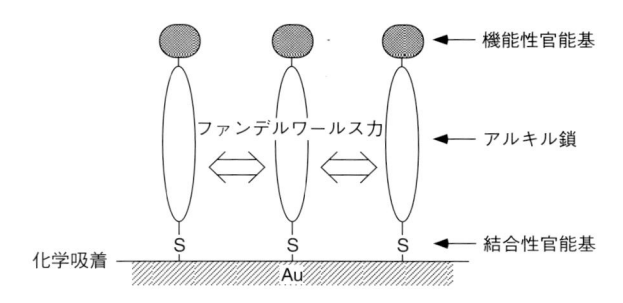

図 1　自己組織化単分子層の模式図

膜（self-assembled monolayer；SAM）とよばれる[*1]．その後，1983 年に Allara がアルカンチオールは金と反応して Au-S 結合を形成するとともに，アルキル鎖どうしの相互作用によって配向性の高い単分子層（自己組織化単分子膜）が形成されることを見いだした [2] ことによって，導電性基板上の高配向性分子層が実現され，基礎・応用両面の可能性が飛躍的に広がり，活発に研究が展開されるようになった [3-7]．

自己組織化する分子は，図 1 に示すように 3 つの部分から構成される．第 1 の部分は表面原子と反応する結合性官能基であり，この部分が表面の特定部分に吸着分子を固定する．第 2 の部分はアルキル鎖であり，分子どうしの配向は主としてこのアルキル鎖間のファンデルワールス力によって決まる．通常，第 3 の部分が機能性官能基である．現在では結合性官能基もチオール（-SH）基に限らず，ジスルフィド（-S-S-）基，セレノール（-SeH）基，イソシアニド（-NC）基など非常に多様化しており [7]，また基板も金のほか，白金 [8]，銀，銅などの金属に加えて GaAs [9]，CdS，In_2O_3 [10] などの半導体にも拡張されている [7]．さらに Si [11]，Ge [12]，ダイアモンド [13] などの基板表面原子とアルケンなどを反応させ，共有結合で有機分子を固定し，安定な分子層を形成することも可能である [14]．さらに，結合部位とは反対側のアルキル鎖末端に機能性官能基を導入することで，種々の機能を固体表面に導入可能であることから，その面

[*1] self-assembly は一般的には自己集合と訳されることが多いが，ここで取り扱う分子層は単純な自己集合と理解できない場合も多く，また自己組織化単分子層という言葉も広く用いられていることから，ここでは自己組織化単分子層とよぶ．

での発展も著しい．本章では，分子層の構造や形成過程などの基礎的な課題について解説したのち，機能性表面の創製への展開について紹介する．

I. 形成法と構造

ここでは金属表面のアルカンチオール SAM とシリコン表面の単分子層について，おのおの金と水素終端化シリコンを基板とする代表的な分子層を例に，形成と構造について述べる．

1. 金基板上のアルカンチオール SAM

金表面に構築されるアルカンチオール SAM はもっとも広く研究され，その構造や成長プロセスの詳細が明らかにされている．さまざまな SAM の構造や機能を設計し，実験する上でもっとも基本的なモデルシステムとして重要である．

A. SAM 形成方法

SAM の形成は清浄な基板を修飾溶液に浸して行う．金は大気中でも酸化されにくく，清浄表面を比較的容易に調製できることから，基板としてもっとも広く用いられている．金基板の作製には，マイカ（雲母），シリコンウェハ，スライドガラスなどへの真空蒸着がよく用いられる [15]．蒸着時に基板温度を300℃程度にすることで平坦な(111)面を有する直径数百 nm 程度の結晶粒（グレイン）が成長し，単結晶表面を使用した場合と類似の結果を得ることができる．大気にさらされた金表面は大気中に浮遊する有機分子や水の吸着によって汚染されている．この汚染層を取り除くため，ガスバーナーで加熱し表面を赤熱させるフレームアニール処理や濃硫酸，混酸，ピラニア試薬（硫酸：過酸化水素＝3：1の混合溶液），オゾン処理などの化学酸化処理を行う．ピンセットやビーカーなど，使用する器具もすべて化学酸化処理によりクリーニングを行わなければならない．

n-アルカンチオールの場合，エタノールやヘキサンを溶媒とした 1 mM 程度の溶液を用意し，この修飾溶液中に基板を浸漬させることで分子修飾を行う．溶液中における分子吸着速度は，電極表面の質量変化を溶液中で直接計測する

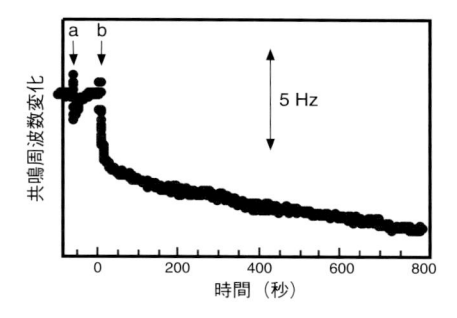

図 2 QCM 法により観測したヘキサン溶液中における $FcC_{11}SH$ の金基板上への吸着過程 [16]

a の矢印で溶媒（ヘキサン）のみを滴下，b の矢印で 0.5 mM となるよう修飾溶液を滴下した場合．縦軸は 5 MHz 水晶振動子の共鳴周波数変化で，1 Hz の変化は 17.7 ng cm^{-2} に相当する．

水晶振動子マイクロバランス（QCM）により研究され [16]，修飾開始後，数十分程度で飽和吸着量の 80% 以上が吸着し，その後，数時間にわたってゆっくりとした吸着が続くことが明らかとなった（図 2）．また，赤外吸収分光により，修飾時間とともにアルキル鎖の伸縮振動ピークが低波数側にシフトする様子が観測された [17]．この結果は膜の結晶性が修飾時間とともに高くなることを意味する．これらの結果から，十分に密に詰まった単分子膜を形成したい場合は 24 時間程度の浸漬を行う．浸漬後，純粋な溶媒で 2～3 回表面をすすぎ，修飾溶液と過剰に吸着した分子層を除去する．

溶液法以外の SAM 構築法には，真空中にチオールを導入するガスドース法 [18] や，大気圧下でチオールを混入したガスを吹き付けるガスストリーム法 [19]，ポリマースタンプに溶液を塗布し基板に押し付けるスタンプ法 [20] などがある．溶液法を用いたつもりでも，基板を修飾溶液に近づけた時点で分子吸着が始まっている場合もあり，実験室環境によっては大気経由で予期せぬ分子が基板に吸着することに注意する必要がある．

B．アルカンチオールの分子配列構造

アルカンチオールの吸着構造は吸着率によってさまざまに変化する [18, 21]．図 3 は分子配列構造の吸着率依存性を模式的に示したものである．吸着初期で

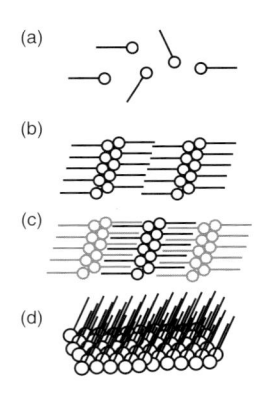

図 3 アルカンチオール分子の表面密度と構造の関係

は分子は基板表面を動き回り（図 3a），特定の構造をとらない．ある程度の数の分子が吸着すると，分子は表面に寝た状態で 2 次元的な規則構造を作る（図 3b）．さらに吸着率が上がると，分子がより密な構造をとるために，互いに重なり合う構造をとり始める（図 3c）．この後，分子が表面で立ち上がった構造が成長し，飽和吸着構造となる（図 3d）．この相転移の様子は，真空中 [18, 21] や溶液中 [22, 23] で実際に走査型トンネル顕微鏡 (STM) 観察により確認されている．

アルカンチオール単分子膜の飽和吸着時のモデルを図 4 に示す．図 4 (a) は単分子膜を上から眺めた際の金原子に対するチオールの配列構造である．3 個の金原子から作られるサイトに 1 つのチオール分子が吸着していると考えられ[*2]，被覆率は金原子に対して $1/3$ となる．幾何学的な計算により，分子配列の単位格子は金の格子に対して 30 度傾き，基本格子長が $\sqrt{3}$ 倍となった $(\sqrt{3} \times \sqrt{3})$ R30° 構造をとっていることがわかる[*3]．図 4 (b) は実際に単分子膜を STM で観察した結果であり，規則的な $(\sqrt{3} \times \sqrt{3})$ R30° 構造が観察されているのに加え，周期的に分子の高さが変化している様子が観測される．この高さの変調はアルキル

[*2] チオール分子の正確な吸着部位に関しては現在でも議論が続いている．チオール分子の吸着部位が異なっているという説もある．

[*3] 飽和吸着構造として，別の構造も報告されているが，通常の修飾条件ではこの構造が大部分を占める．

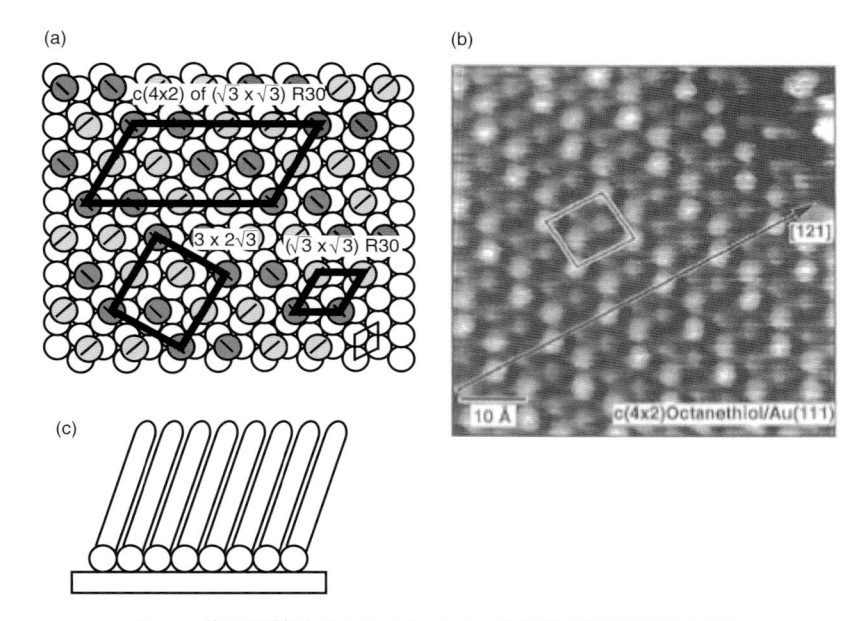

図 4　飽和吸着時のアルカンチオール単分子膜構造のモデル
(a) 分子配列．白丸が下地の金原子，グレーの丸がチオール分子の位置を表す．グレー丸中の線は炭素骨格平面の向きを表す．(b) オクタンチオール単分子膜に覆われた金 (111) 面の STM 像 [21]．(c) 横から見た分子配列モデル．

鎖の配向の違いを反映していると考えられている．アルキル部分はオールトランスコンフォメーションをとっており，炭素骨格は1つの平面上に並んでいる．この平面は，隣り合う分子間では互いに入れ子になるように配向していることが赤外分光法から明らかにされている [24]．この分子骨格の異方性と分子の傾きやねじれ方向の違いにより末端のメチル基の高さが位置によって微妙に変化し，STM 像に現れたと考えられている．高さの変調を考慮した分子配列構造は $(\sqrt{3} \times \sqrt{3})$ R30° 構造に対して $c(4 \times 2)$ と表記できる．このため，アルカンチオールの配列構造は，慣用的に $c(4 \times 2)$ of $(\sqrt{3} \times \sqrt{3})$ R30° 構造と表記される．

図 4 (c) は膜の断面構造であり，アルキル鎖は表面垂直方向に対しおよそ 30 度傾いて配向している．$(\sqrt{3} \times \sqrt{3})$ R30° 構造の分子間距離は分子の直径よりやや大きく，分子が垂直に配向すると分子間に隙間ができてしまう．分子が傾くことで最密充填構造が実現され，アルキル鎖部分は固体状態に近い結晶性を示

している．

C．SAM の欠陥構造

　図 5 (a) は飽和吸着量の単分子膜で覆われた金（111）面を比較的広い範囲で観察した STM 像である．ひび割れにも似た細い筋状の欠陥と，小さなくぼみがところどころに形成されている．筋状の欠陥は，分子数個分の幅からなる分子の存在しない領域である．分子配列がそろった領域（ドメイン）どうしの境目を形成することから，ドメイン境界とよばれる．この欠陥は 2 つのドメイン間のチオール部分の配列不整合（図 5b）やアルキル鎖の傾き方向の違い（図 5c）によって生じる．表面に見られるくぼみの内部には分子が存在すること，また，その深さが金表面の単原子ステップの高さと同じであることが STM により確認されていることから，このくぼみは下地の金のへこみで（図 5d），金の空乏欠陥（vacancy island；VI）とよばれる [21]．VI が生じる原因としては，分子吸着に伴い金表面のストレスが緩和される際に金原子が余分に表面からはじき出されるなどの機構が提案されているが，現在でも議論が続いている [21].

　これらの欠陥密度は，膜形成時の温度 [25] や溶媒 [26] によって大きく変化す

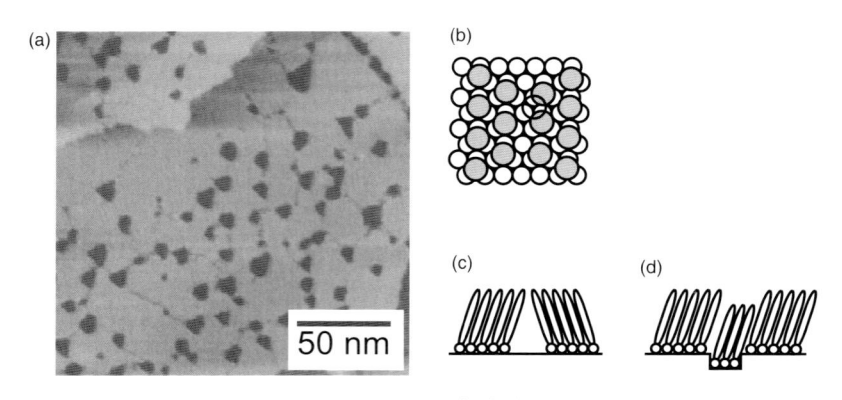

図 5　SAM の欠陥構造
（a）飽和吸着したデカンチオール単分子膜で覆われた金（111）の STM 像．（b）配列不整合．グレーの丸が左側のドメインに従ったときの分子配列．右のドメインの分子は半周期ずれた位置に存在するため，ドメイン間に分子を配置できない隙間が生じる．（c）ドメイン間で傾きが異なるため生じる欠陥．（d）基板の金に生じた空乏欠陥（VI）．

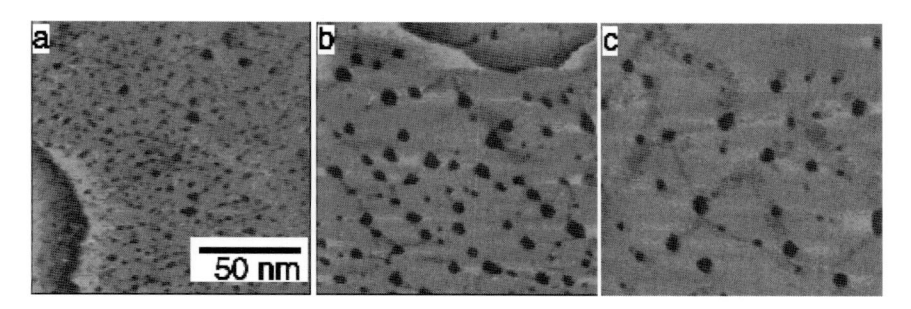

図6 種々の温度で単分子膜を修飾した金(111)のSTM像[23]
25℃(a),60℃(b),78℃(c)還流.修飾溶液はエタノール中1mMのデカンエチオール.

る.図6に示すように,修飾時の温度を高くするとドメインの面積が大きくなる.また,VIの数は減るが,1つあたりの面積が大きくなり,表面積に占めるVIの割合は,温度によらずほぼ一定である.成長条件を工夫する,たとえば温度の高い状態で長時間放置すると,VIはステップに吸収され,VIの数を減らすことができる[27].

D.共吸着構造

表面の組成をさまざまに変化させたい場合,複数の種類の分子を同一基板表面に並べる手法が必要となる.このために,あらかじめ修飾溶液に数種類の分子を混ぜておく共吸着法と,あらかじめ1種類の膜で単分子膜を形成したのち,別の修飾溶液につける置換法が利用される.

2種類の分子を溶かした溶液からの共吸着(図7a)では,「似た者どうし集まる」傾向がある.たとえば,アルカンチオールと炭素数が同じ n-アルカンチオール骨格をもつ末端にOHをもつ分子を混合すると,分子膜中で両者がほぼ均一に混ざる様子がSTMで確認されている[21].これに対し,アルカンチオールとピリジンチオールを混ぜた場合は表面で相分離がおこり,おのおのの分子のみが集まったグレインを形成する[28,29].このようなグレインはナノ構造を構築する際の鋳型としても活用できる.しかし,共吸着プロセスは競争吸着の速度論によって構造が決まるため,一般に制御がむずかしい.

分子置換法では吸脱着平衡を利用する(図7b).単分子膜を構成する分子は

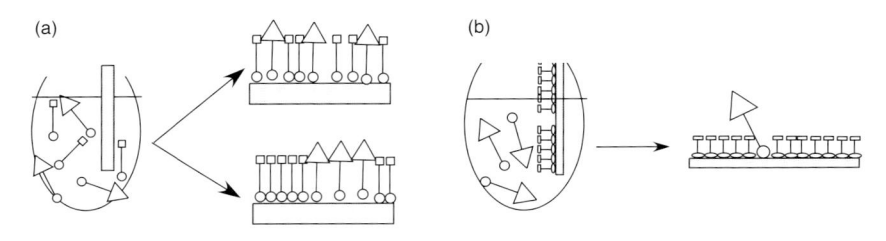

図 7 共吸着法と置換法

(a) 共吸着による異種分子混合単分子膜の構築．分子どうしが均一に混ざる場合（右上）と相分離をおこす場合（右下）．(b) 分子置換による単分子膜への少数分子の植え込み．詳細は本文参照．

溶液中でゆっくり吸脱着をくり返している．このため，いったん単分子膜で表面を覆った基板を別の種類の分子を含む溶液に長時間さらしておくと，分子膜の欠陥部分から分子の置換がおこる．置換反応を利用した混合分子膜の作製法は，組成比を大きく偏らせたいときにとくに有効である．たとえば，アルカンチオールなどの反応活性をもたない分子膜中にごく少数個の分子を置換することで，分子1つを単分子膜中に孤立して固定できる．このような孤立分子を含む試料は単一分子の電気伝導度計測に用いられる [30]．

E. リソグラフィー

高機能分子デバイス作製のためには，分子膜の2次元的な構造制御が必須であり，SAM を利用したナノファブリケーション技術についても現在活発に研究されている．

Whitesides らは，マイクロメートルオーダーの適当な形状のパターンをもったポリジメチルシロキサン（PDMS）製のスタンプをチオール溶液に浸してチオールをインクのようにしてつけたのち，基板に押しつけることによって，スタンプの形状どおりに SAM のパターンを形成するというマイクロコンタクトプリンティング法を考案し，多様な展開を図っている（図 8a, b）[20]．たとえば，金基板上にアルカンチオール SAM のパターンをスタンプで形成したのち，末端が水酸基やカルボン酸基のチオール溶液に浸漬すると，もともと SAM が存在していない部分に別の分子の SAM ができる．つまり，疎水部分と親水部

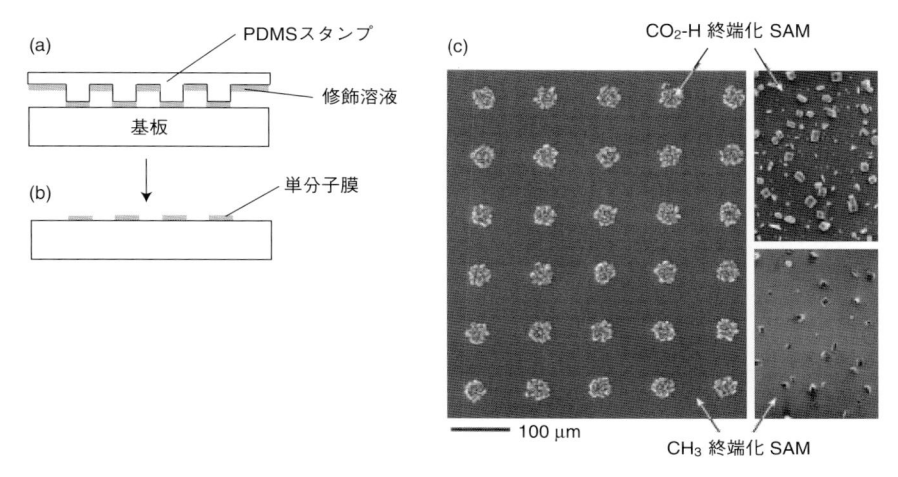

図 8　マイクロコンタクトプリンティング法とその応用例
(a) マイクロコンタクトプリントの概略図．型取りにより構築したスタンプの表面にアルカンチオール溶液をスピンコーティングなどで塗布し，基板表面に押し付ける．(b) スタンプをはがすとモノレイヤーのパターンが基板に構築される．(c) パターン化 SAM 上で成長させた $CaCO_3$ 結晶の SEM 像 [32].

分の形状を自由に設計できる．このような表面ではパターンに応じた水の凝縮がおこり，適当な凝縮段階では回折格子として働く [31]．また，このようなパターンの親水性部にのみ $CaCO_3$ 結晶が成長することが報告され [32]，単分子層レベルの制御にとどまらず，セラミックスなどを用いたデバイスの構築にも応用可能であることが実証された（図 8c）．

　走査型プローブ顕微鏡と SAM 技術を利用し，ナノメートルオーダーで構造規制された表面を創製することが可能である．たとえば原子間力顕微鏡（AFM）のプローブをペンのように利用し，プローブでなぞった個所にのみ分子を植え込むディップペンナノリソグラフィー [33] や，あらかじめ形成した単分子膜をAFM プローブで機械的 [34]，あるいは電気化学的に除去することで異種分子を植え込む方法などがある [35].

2. シリコン基板上の分子層形成

　前項で金基板上への SAM 形成について述べた．しかし，半導体基板上へ高

い配向性をもつ分子層を形成できれば，基板の機能と分子層の機能とを融合させた，より高機能な表面物質相の構築が可能であり，その応用範囲は大幅に広がる．半導体基板としては，Si [11]，GaAs [9]，InP [36] などが用いられているが，なかでもシリコンを基板とする研究がもっとも活発に行われている．

シリコン基板上への分子層形成には大きく分けて 2 つの方法がある．1 つはシリコン基板の表面酸化膜の水酸基とシランカップリング剤との反応を利用するものであり，基板表面と Si-O-Si 結合を介した分子層が形成される（図 9a）[1,3]．もう 1 つのシリコン基板上への分子層形成では，分子層を形成する分子の末端炭素原子と基板表面の Si 原子とが直接 Si-C（共有）結合している（図 9b）．前者の分子層は作製が比較的簡単なことから，1980 年代から 1990 年代にかけて活発に研究された．これに対し，後者の分子層は非常に安定であり，またシリコン単結晶基板上に直接作製されるため配向性が高い．そのため 1993 年に初めて Linford と Chidsey によって後者のシリコン上分子層が報告されて以来 [11]，数多くの研究がなされてきた．ここでは，後者のシリコン基板表面

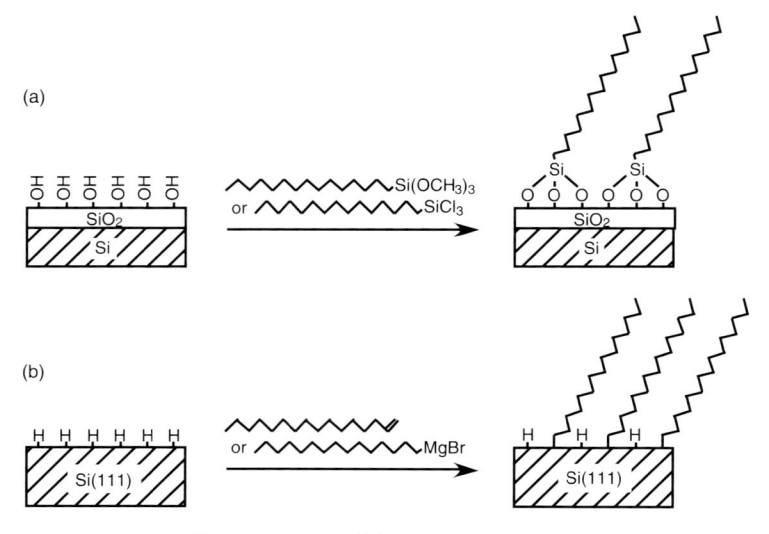

図 9　シリコン基板上への分子層形成
（a）シリコン基板の表面水酸基を利用して Si-O-Si 結合を介した分子層形成の模式図．（b）シリコン基板の終端水素を利用して Si-C 結合を介した分子層形成の模式図．

に直接分子層を形成する方法について述べる.

Si-C結合を介した分子層の形成法には乾式法 [37,38] と湿式法 [39-46] があるが，前者では超高真空を必要とするため，後者のほうが実用性が高い．湿式法のなかにもいくつかの方法があるが，いずれの場合も水素終端化 [Si(1 1 1)-H と表記する] 表面と有機物の反応を利用する．

原子レベルで平坦なSi(1 1 1)-H表面は，Si(1 1 1)基板をフッ化水素酸水溶液中に入れ自然酸化膜を除去し，次いで過酸化水素水と硫酸の混合水溶液に浸して酸化膜を形成させ，最後に弱塩基性のフッ化アンモニウム水溶液に浸すことによって得られる [47]．表面のSi-H結合を，熱やラジカル開始剤を使った化学的手法 [11,39-42]，光化学的手法 [40,43,44]，電気化学的手法 [45,46] などの手法で活性化して，表面の水素原子を分子層を形成する分子末端の炭素原子に置換することによってSi-C結合を形成させる．

例として，Si(1 1 1)-H表面とアルケン分子を熱反応させることで分子層を形成させる過程として一般的に受け入れられている反応の模式図を図10に示す [39,41]．アルケン中で水素終端化したSi(1 1 1)基板を熱するとSi(1 1 1)-Hが活性化され，表面にSiラジカルが発生する（ステップi）．活性化した表面Siラジカルがアルケンの末端二重結合を攻撃し，Si-C結合が形成され，末端から2番目の炭素原子がラジカル化する（ステップii）．このように生成した炭素ラジカルが，Si-C結合を形成した表面Si原子の隣の表面Si原子のSi-H結合を攻撃

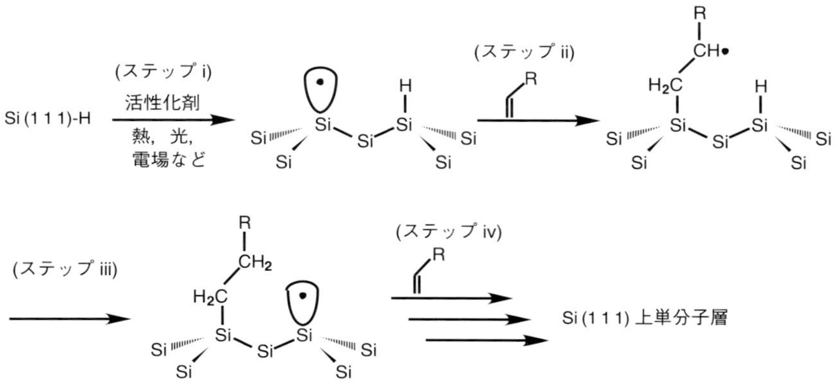

図10 シリコン基板表面へのSi-C結合を介した分子層の形成過程の模式図

し，表面 Si ラジカルが生成する（ステップ iii）．この表面 Si ラジカルがステップ ii と同様にアルケンの末端二重結合を攻撃する．これらの過程がくり返され，分子層が形成される（ステップ iv）．

基板として用いた Si(1 1 1)-H 基板の表面は，前述したような前処理によって原子レベルで平坦で，かつ表面 Si-H 結合は均一に存在しているため，形成した分子層も均一であり高い配向性をもつことが期待される．実際，単分子層が高度に配向していることが表面和周波分光法などで確認されているが [42]，一方，表面分子種の量がかなり高くなってはじめて配向性が向上すること [41] から，単分子層の形成が必ずしも上述の連鎖機構に従わないという報告もある [48]．

なおこのようにして形成された分子層は期待どおり種々の溶媒や熱，電場などに対して安定であることが確認されており [39]，機能性材料，機能性基板として幅広い可能性をもっている．

II．機能性単分子層

先に述べたように，固体基板上に分子層を形成することによって固体表面の特性を制御できる．これまでに SAM 中に導入されているおもな機能性官能基を表 1 にまとめた．たとえば，長鎖のアルカンチオール SAM で修飾することによって，金電極をほとんどの電気化学活性種に対して不活性とすることができる．このような SAM はリソグラフィー用のマスクとすることができる．また，末端のメチル基をカルボキシル基や水酸基と置き換えることによって，固体表面を疎水性から親水性に変えられる．また，末端に結合性官能基をもつ SAM を利用すると，生体試料や金属・半導体微粒子，機能性高分子などの表面への固定化や多層膜構築への展開につながる．このようなアプローチは，センサーなどのより複雑で実用的なデバイスへの応用を考える上で重要である．

ここでは，とくに電子移動・酸化還元反応，触媒作用，光誘起電子移動，電気化学的発光，イオン・分子の認識について筆者らの研究例を中心に紹介し，最後にシリコン半導体上の機能性分子層について簡単にふれる．

表 1　SAM 中に導入されているおもな機能性官能基

機　能	おもな官能基
電気化学活性	フェロセン [10,16,17,49-51,54]，キノン [52,53]，$Ru(NH_3)_6^{2+}$
光（電気）化学活性	ポルフィリン [56-61]，$Ru(bpy)_3^{2+}$ [64]
触媒作用	フェロセン [50]，Ni サイクラム，金属ポルフィリン [67,68]
SHG 活性	フェロセニルニトロフェニルエチレン
センサ	キノン [53]，シクロデキストリン，各種酵素など [71]
構造異性化	アゾベンゼン [55]，スピロピラン
メディエータ	フェロセン [50]，ピリジン
親水・疎水性	カルボン酸 [3,31]，水酸基 [3,31]，スルホン酸 [3,31]，メチル基 [3,31]
結合性	カルボン酸 [32]，アミン，リン酸 [3]，チオール

1. 機能性アルカンチオール自己組織化単分子層

A. 電子移動・酸化還元反応

　フェロセン（Fc）基を末端官能基とするフェロセニルアルカンチオールの SAM 修飾金電極の電気化学的挙動は広範に調べられ [10,16,17,49-51]，可逆な 1 電子酸化還元反応をおこすことが知られている（図 11）[49-51]．この電気化学応答を詳しく解析することで，電極/溶液界面の電子移動速度を精密に測定することができる．電子移動速度は光合成などの高効率エネルギー変換プロセスの仕組みを理解する上で，また，分子を利用したトランジスタなど分子エレクトロニクス実現の上でもきわめて重要な基礎パラメータである．

　このほかにも，キノン/ヒドロキノン基をもつアルカンチオールによる pH に依存した酸化還元反応特性の発現 [52,53] とその超極微 pH センサへの応用 [54]，アゾベンゼン基の付与による光異性化に伴う電子移動速度の制御など [55]，単分子膜によるさまざまな電子移動制御が実現されている．

B. 光誘起電子移動

　光増感色素（S），電子受容体（A）および電子リレー（R）を電極上に規則正しく配置すれば，光合成を模した光誘起電子移動系が構築でき，電極からエネルギーの高い電子受容体への電子移動（アップヒル電子移動）が可能となる（図 12a，b）．

　ここでは具体的な例として，S としてポルフィリン，R として Fc 基をもつ

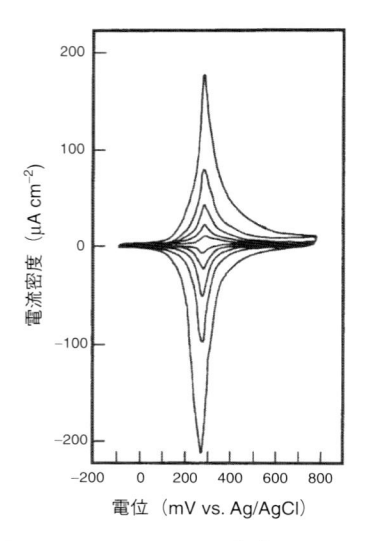

図11 フェロセニルヘキサンチオール SAM 修飾金電極の 0.1 M HPF$_6$ 電解質水溶液中のサイクリックボルタモグラム [51]
掃引速度はそれぞれ 500, 200, 100, 50, 20 mV s^{-1}.

分子（PC$_8$FcC$_{11}$SH，図12c）の SAM で修飾した金電極について，A としてメチルビオロゲン（MV^{2+}）を含む溶液中での高効率光誘起電子移動について示す [56]．5 mM MV^{2+} を含む電解質溶液中で電極電位を一定に保持して光を照射すると，ただちにカソード光電流が流れ，照射を止めると同時に元にもどる（図13挿入図）．図13に光電流の電極電位依存性を示す．光電流は保持する電位が +600 mV（vs. Ag/AgCl）より負の電位で観測される．この値は Fc 基の酸化還元電位（+610 mV）とほぼ一致しており，Fc 基がリレーとして機能していることを示している．また，MV^{2+}/MV$^{+ \cdot}$（メチルビオロゲンカチオンラジカル）の酸化還元電位が −630 mV であることから，約 1.2 eV のアップヒルの電子移動を実現したことになる．また，吸収スペクトルと光電流のアクションスペクトルとが一致し，ポルフィリン基が S としてはたらいていることも確認されている．

吸収光子数に対する −200 mV での量子収率は 11% と非常に高く，有機薄膜修飾金属電極の当時の世界最高値であり，SAM 修飾金電極によって非常に高

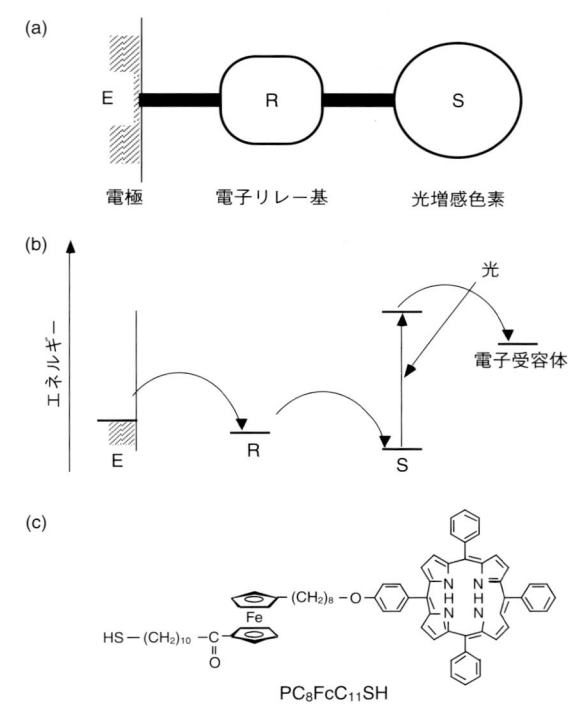

図 12　光誘起電子移動系 [56]
(a) SAM 修飾電極による光誘起電子移動系の模式図．(b) (a)のエネルギーダイアグラム．
(c) $PC_8FcC_{11}SH$ 分子．

効率な光誘起電子移動が達成された．このように高い量子収率を示す理由としては，$PC_8FcC_{11}SH$ SAM が機能部位の間に存在するアルキル鎖どうしの相互作用によって高度に配向していること [57]，アルキル鎖による機能部位間の距離が大きくなり逆電子移動やエネルギー移動を抑えたこと [58]，およびRである Fc 基と電極との間の電子移動速度が比較的速いこと，が考えられる．

　このほかにも，人工光合成への展開を意識して，光エネルギーと電気エネルギーの相互変換をめざした研究が活発に行われており，Sとしてポルフィリン，Rとしてフェロセン，Aとしてフラーレンを用いた三つ組み分子の SAM による光電流発生 [59] や，アンテナ分子との混合 SAM による光捕集系 [60]，さらに

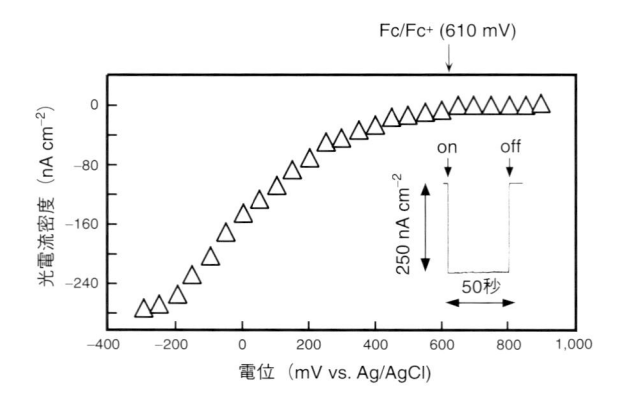

図 13　5 mM MV^{2+} を含む電解質溶液中，$PC_8FcC_{11}SH$ SAM 修飾金電極に分光した 430 nm の光（40 μWcm^{-2}）を照射したときの光電流の電極電位依存性 [56]
挿入図は -200 mV に電位を保持しながら，光を on/off したときの電流応答．

はホスホン酸とジルコニアをベースにした多分子層内にポルフィリンと MV^{2+} を交互に導入した系における分子層間光誘起電子移動 [61] などが報告されている．

C．発光

トリスビピリジルルテニウム錯体（$Ru(bpy)_3^{2+}$）は $C_2O_4^{2-}$ 溶液中で陽分極すると電気化学発光（electrochemically generated luminescence；ECL）がおこることが知られている [62, 63]．まず，$Ru(bpy)_3^{2+}$ の $Ru(bpy)_3^{3+}$ への酸化を皮切りに $C_2O_4^{2-}$ が分解され，$CO_2^{-\bullet}$ ラジカルが発生する．このラジカルが $Ru(bpy)_3^{3+}$ と反応し，励起状態（$Ru(bpy)_3^{2+*}$）を生じる．励起状態が失活するときに発光が観測される．同様の反応は $Ru(bpy)_3^{2+}$ 基をもつアルカンチオール（$Ru(bpy)_2(bpy(C_{12}SH)_2)^{2+}$）SAM で修飾された電極表面でもおこり，単分子膜からの発光を観測することができる [64]．

SAM からの直接の発光ではないが，SAM の酸化還元によって溶液中のルミノール発光特性を制御できることを利用したバイオセンサも提案されている [65, 66]．

D. 触媒作用

　酸素還元能をもつ金属錯体を電極上に固定することが燃料電池用触媒開発に関連して注目されている．具体的には生体系で酸素還元を担うヘムを模したポルフィリン錯体を末端にもつアルカンチオールの SAM について酸素還元能が評価されている [67,68]．未修飾金電極のサイクリックボルタモグラム（CV）では 0 V 付近から負側で酸素の還元に対応する電流が流れ始めるのに対し，コバルトポルフィリン誘導体 SAM で修飾した金電極では +0.3 V 付近から還元電流がみられ，酸素還元反応がおこりやすくなっていることが明らかとなった．また，アルカンチオール鎖が 1 つのコバルトポルフィリン誘導体（CoP1）と，2 つのコバルトポルフィリン誘導体（CoP2）の SAM で修飾した金電極における CV の比較から，CoP1 より CoP2 のポルフィリン環のほうが電極表面に対してより平行に配向していると考えられ，つまりポルフィリン環の中心のコバルトが酸素還元能に深く関与していることがわかる．中心金属をコバルトから亜鉛に代えると，酸素還元能はまったくなくなる．

E. イオン・分子の認識

　適当な末端官能基を SAM 中に導入すれば，イオンや分子を認識する表面を構築することができる．たとえば図 14 に示すように，金基板上に 2,2-チオビスエチル酢酸（TBEA）とオクタデカンチオール（$C_{18}SH$）の混合 SAM 修飾電極において，Cu^{2+}/Fe^{3+} 混合溶液中で電気化学測定を行うと，完全に Fe^{3+} の応答は抑えられ，Cu^{2+} の応答のみが選択的に観測される [69]．TBEA 内の 2 つの b-ケトエステル基がキレート中心となり，2 価の銅イオンとのみ 1：1 で錯形成する結果，銅イオンと電極が接近し，電子移動が可能となるが，溶液中に存在する鉄イオンには単分子層が障壁になって電子移動がおこらないものと考えられる．

　分子間のホスト/ゲスト作用を利用して，SAM によって分子を認識することも可能である．図 15 のようなホスト作用のある官能基 [cyclobis (paraquat-p-phenylene)] を SAM 中に導入すると，緩衝溶液中でホスト基中のビピリジル基の酸化還元反応が容易に観測される [70]．この溶液中へゲスト分子としてインドール，カテコール，ベンゾニトリル，ニトロベンゼンを少量加えると，イン

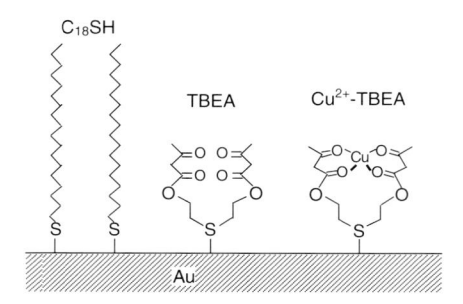

図 14 金基板上，$C_{18}SH$ および TBEA，Cu^{2+}-TBEA 錯体をもつチオール誘導体の SAM の模式図 [69]

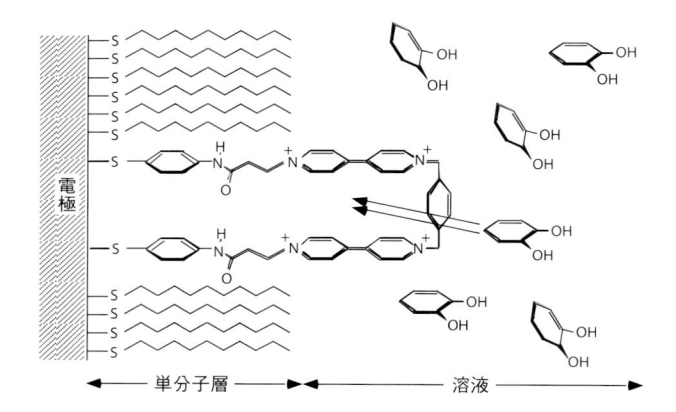

図 15 cyclobis(paraquat-*p*-phenylene) 基をもつチオール誘導体とデカンチオール（$C_{10}SH$）の混合 SAM 修飾電極と，カテコールの cyclobis(paraquat-*p*-phenylene) 基中への出入りを表す模式図 [70]

ドールとカテコールを加えたときだけ，加えた量に応じてビピリジル基の還元電位が負にシフトし，ベンゾニトリル，ニトロベンゼンを加えても還元電位は変化しない．インドール，カテコールはゲストとなってホスト基の内部に固定され，ホスト基とゲスト分子の π 結合どうしの相互作用によりビピリジル基の還元電位が負にシフトするものと考えられる．

このほかにキノノイド補酵素（ピロロキノリンキノン；PQQ）を末端にもつ SAM によるカルシウムイオンセンサーへの応用などの例がある [71]．

2. シリコン上の機能性単分子層

　Si-C 結合を介してシリコン基板上に構築した分子層に関する研究のほとんどは形成過程や構造に関するもので，機能付与に関してはまだほとんど報告されていない．筆者らは電子移動制御をめざして以下に示す過程（図16）でビオロゲン（V^{2+}）基を含む分子層を Si(111) 基板上に構築し，白金ナノ粒子を固定することによって水素発生反応が大幅に加速されること確認している [44]．まず，Si(111)-H 基板表面を紫外光で活性化し（I-2項参照），4-ビニルベンジルクロライド（4VBC）と反応させることによって 4-ベンジルクロライドの分子層を Si-C 結合を介して形成し（ステップ i），次いで，末端のクロロエチル基とヨウ化 1-メチル-4-(4-ピリジル) ピリジニウムとを反応させ，V^{2+} 基を固定する（ステップ ii）．その後，この基板を $PtCl_4^{2-}$ を含む水溶液中に浸して，V^{2+} の対イオンである塩化物イオンとヨウ化物イオンを $PtCl_4^{2-}$ でイオン交換し，さらに水素気流にさらして $PtCl_4^{2-}$ を還元することで，白金ナノ粒子を担持する ［Pt-Si(111)］（ステップ iii）．図17に示すように基板として n 型 Si(111) を用いた場合は電気化学的水素発生，p 型 Si(111) を用いた場合は光電気化学的水素発生に対して触媒作用が見られた（水素発生電位が 0.4～0.6 V 正側にシフト）．とくに光電気化学的水素発生が平衡電位より正電位でおこっていることは重要である．

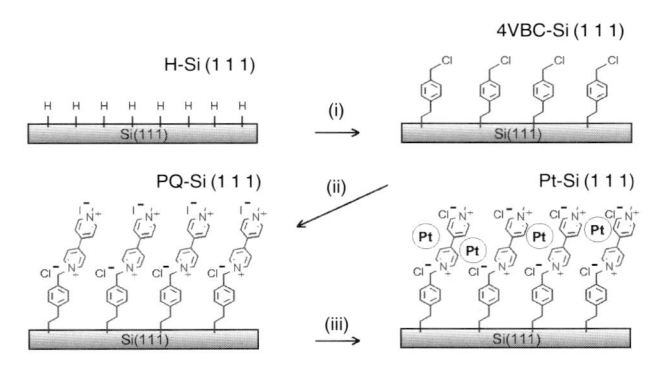

図 16　水素終端 Si(111) 表面への電子移動／水素発生触媒機能をもった分子層の構築過程の模式図 [44]

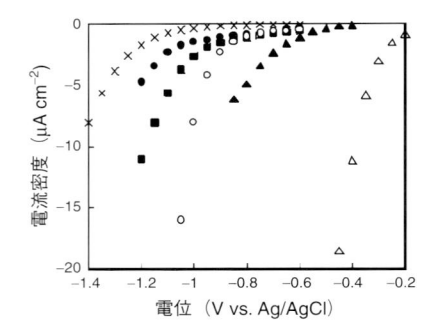

図 17　0.1 M Na$_2$SO$_4$ 溶液中，種々の修飾 Si(1 1 1) 電極の電流–電位曲線

暗所下（基板は n 型 Si(1 1 1)）：● H-Si(1 1 1)，× 4VBC-Si(1 1 1)，■ V^{2+}-Si(1 1 1)，▲ Pt-Si(1 1 1)，光照射下（基板は p 型 Si(1 1 1)）：○ H-Si(1 1 1)，△ Pt-Si(1 1 1) [44].

●おわりに

　以上，ボトムアップ型ナノテクノロジーの基盤技術としての金属および半導体基板表面への機能性分子層の形成について，それぞれ金表面へのチオール SAM の形成および水素終端 Si(1 1 1) 表面への有機単分子層形成を例として，形成法，構造，機能について紹介した．ここで示した例は膨大な研究のごく一部であるが，固体表面への分子層形成による機能導入の大きな可能性が感じられるものと思う．今後さらに多様な分子種への展開，3 次元集積，金属や半導体ナノクラスターとの融合などによるさらなる高度化が進むものと期待される．

文献

[1]　Sagiv, J.: *J. Am. Chem. Soc.*, **102**, 92 (1980)
[2]　Nuzzo, R. G. *et al.*: *J. Am. Chem. Soc.*, **105**, 4481 (1983)
[3]　Ulman, A.：An Introduction to Ultrathin Organic Films from Langmuir-Blodgett to Self-Assembly, Academic Press (1991)
[4]　Finklea, H. O.: Electroanalytical Chemistry (eds. Bard, A. J., Rubinstein, I.), Marcel Dekker, **19**, 109 (1996)
[5]　佐藤縁他： 触媒, **37**, 364 (1996)
[6]　近藤敏啓他：ぶんせき, **270**, 457 (1997)
[7]　Love, J. C. *et al.*: *Chem. Rev.*, **105**, 1103 (2005)
[8]　Shimazu, K. *et al.*: *Bull. Chem. Soc. Jpn.*, **67**, 863 (1994)
[9]　Baum, T. *et al.*: *Langmuir*, **15**, 8577 (1999)

[10] Kondo, T. et al.: *J. Electroanal. Chem.*, **381**, 203 (1995)
[11] Linford, M. R. et al.: *J. Am. Chem. Soc.*, **115**, 12631 (1993)
[12] Choi, K. et al.: *Langmuir*, **16**, 7737 (2000)
[13] Strother, T, et al.: *Langmuir*, **18**, 968 (2002)
[14] Buriak, J. M.: *Chem. Rev.*, **102**, 1271 (2002)
[15] Nanoscale Probes of the Solid/Liquid Interface (eds. Gewirth, A. A. et al.), Springer Verlag (1995)
[16] Shimazu, K. et al.: *Langmuir*, **8**, 1385 (1992)
[17] Sato, Y. et al.: *Bull. Chem. Soc. Jpn.*, **67**, 21 (1994)
[18] Poirier, G. E. et al.: *Science*, **272**, 1145 (1996)
[19] Deering, A. L. et al.: *Langmuir*, **21**, 10263 (2005)
[20] Xia, Y. et al.: *Angew. Chem. Int. Ed.*, **37**, 550 (1998)
[21] Poirier, G. E.: *Chem. Rev.*, **97**, 1117 (1997)
[22] Yamada, R. et al.: *Langmuir*, **14**, 855 (1998)
[23] Yamada, R. et al.: *Langmuir*, **13**, 5218 (1997)
[24] Nuzzo, R. G. et al.: *J. Chem. Phys.*, **93**, 967 (1990)
[25] Yamada, R. et al.: *Chem. Lett.*, **28**, 667 (1999)
[26] Yamada, R. et al.: *Langmiur*, **16**, 5523 (2000)
[27] Cavalleri, O.: *Thin Solid Films*, **284-285**, 392 (1996)
[28] Sato, Y. et al.: *J. Electroanal. Chem.*, **438**, 99 (1997)
[29] Sato, Y. et al.: *Chem. Lett.*, **10**, 987 (1997)
[30] Bumm, L. A. et al.: *Science*, **271**, 1705 (1996)
[31] Kumar, A. et al.: *Science*, **263**, 60 (1994)
[32] Aizenberg, J. et al.: *Nature*, **398**, 495 (1999)
[33] Piner, R. D. et al.: *Science*, **283**, 661 (1999)
[34] Liu, G. Y. et al.: *Acc. Chem. Res.*, **33**, 457 (2000)
[35] Zhao, J. W. et al.: *Nano Lett.*, **2**, 137 (2002)
[36] Gu, Y. et al.: *J. Phys. Chem. B*, **102**, 9015 (1998)
[37] Hamers, R. J. et al.: *J. Phys. Chem. B*, **101**, 1489 (1997)
[38] Lopinski, G. P. et al.: *Nature*, **406**, 48 (2000)
[39] Linford, M. R. et al.: *J. Am. Chem. Soc.*, **117**, 3145 (1995)
[40] Terry, J. et al.: *J. Appl. Phys.*, **85**, 213 (1999)
[41] Quayum, M. E. et al.: *Chem. Lett.*, 208 (2002)
[42] Uosaki, K. et al.: *Langmuir*, **20**, 1207 (2004)
[43] Barrelet, C. J. et al.: *Langmuir*, **17**, 3460 (2001)
[44] Masuda, T. et al.: *Chem. Lett.*, 788 (2004)
[45] Fidélis, A. et al.: *Surf. Sci.*, **444**, L7 (2000)
[46] Allongue, P. et al.: *Electrochim. Acta*, **45**, 3241 (2000)

[47] Higashi, G. S. et al.: *Appl. Phys. Lett.*, **56**, 656 (1990)
[48] Bateman, J. E. et al.: *J. Phys. Chem. B*, **104**, 5557 (2000)
[49] Uosaki, K. et al.: *Langmuir*, **7**, 1510 (1991)
[50] Sato, Y. et al.: *Bull. Chem. Soc. Jpn.*, **66**, 1032 (1993)
[51] Kondo, T. et al.: *J. Organometall. Chem.*, **637-639**, 841 (2001)
[52] Sato, Y. et al.: *J. Electroanal. Chem.*, **409**, 145 (1996)
[53] Ye, S. et al.: *J. Chem. Soc. Faraday Trans.*, **92**, 3813 (1996)
[54] Hickman, J. J. et al.: *Science*, **252**, 688 (1991)
[55] Kondo, T. et al.: *Langmuir*, **17**, 6317 (2001)
[56] Uosaki, K. et al.: *J. Am. Chem. Soc.*, **119**, 8367 (1997)
[57] Yanagida, M. et al.: *Bull. Chem. Soc. Jpn.*, **71**, 2555 (1998)
[58] Kondo, T. et al.: *Z. Phys. Chem.*, **212**, 23 (1999)
[59] Imahori, H. et al.: *J. Phys. Chem. B*, **104**, 2009 (2000)
[60] Imahori, H. et al.: *J. Am. Chem. Soc.*, **123**, 100 (2001)
[61] Ungashe, S. et al.: *J. Am. Chem. Soc.*, **114**, 8717 (1992)
[62] Rubinstein, I. et al.: *J. Am. Chem. Soc.*, **103**, 512 (1981)
[63] Zhang, X. et al.: *J. Phys. Chem.*, **92**, 5566 (1988)
[64] Sato, Y. et al.: *J. Electroanal. Chem.*, **384**, 57 (1995)
[65] Sato, Y. et al.: *Chem. Lett.*, 1330 (2000)
[66] Sato, Y. et al.: *Electrochem. Commun.*, **3**, 131 (2001)
[67] Shimazu, K. et al.: *Thin Solid Films*, **273**, 250 (1996)
[68] Nishimura, N. et al.: *J. Electroanal. Chem.*, **473**, 75 (1999)
[69] Rubinstein, I. et al.: *Nature*, **332**, 426 (1988)
[70] Rohas, M. T. et al.: *J. Am. Chem. Soc.*, **117**, 5883 (1995)
[71] Katz, E. et al.: *J. Electroanal. Chem.*, **373**, 189 (1994)

Chapter 6

ナノスケール構築

集団的ナノ構築

栗原和枝

●はじめに

 「集団的ナノ構築」という言葉は，さまざまな意味に解釈できよう．少なくとも粒子や分子を1個ずつ操作してナノ構造体を作るのでなく，一気に構造体を作ること，あるいは分子組織体や粒子集積体を用いて，さらなるナノ構造体を作ることと考えられる．ここでは，分子集合体（あるいは分子組織体．図1）を基盤にしたナノ構築について考える．またこのような分子集団を考えた場合，個々の分子の特性が変わる場合も予想される．実際に観察される，分子集合による性質の変化についても紹介する（図2）．自己組織化単分子膜のような，分子が吸着して単分子膜を形成する場合も集団的ナノ構築に含まれるかもしれないが，集団性が単純であるので，ここではもう少し複雑な場合を考えたい．第Ⅰ節「分子組織体を用いるナノ構造の調製」では，マイクロエマルションなどの分子集合系を用いた無機ナノ構造体の調製への展開を，第Ⅱ節「分子の組織化による性質の変化」では，高分子電解質ブラシの性質が密度により転移し，対イオンの凝集状態が変わると説明している例を，第Ⅲ節「固-液界面における分子の集団的挙動」では，固-液界面における液体分子の組織化を中心に述べる．

図1　分子組織体の例

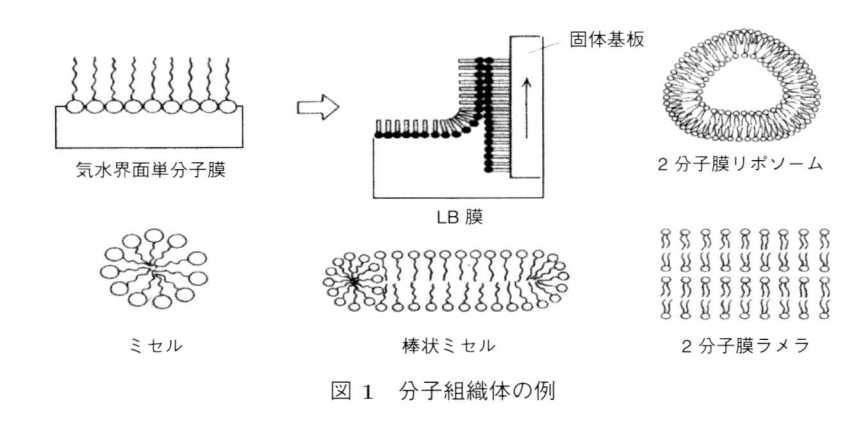

・分子を集団としてひとまとめに集める．
・分子組織体を用い，他のナノ構造体を調製する．
　——→生成物の特性制御
　　　　反応場を含む複合的なナノ構造構築
・分子が組織化することによる特性の変化，機能．

図2　集団的ナノ構築の課題

I．分子組織体を用いるナノ構造の調製

　1960年代のBanghamによるリポソーム（球状脂質二重層）の調製法の開発，1970年代に入ってからのSinger-Nicholsonの生体膜の流動モザイクモデルの提案などにより，生体膜の機能の特色を生かした反応系の設計が生体模倣（バイオミメティック）化学の一環として，盛んに行われるようになった[1]．当時の生体模倣化学のもうひとつのお手本は酵素やヘモグロビンであり，たとえばシクロデキストリンを用いた人工酵素の設計の研究が活発に行われた．基質の結合と補酵素の作用など，その機能は高度ではあるが，要素として考えると比較的単純である．一方，生体膜を手本とする場合，その機能の要素は多岐にわたる．たとえば，生体膜は細胞の内外あるいは生体の内外を隔てる障壁である．また，タンパク質や各種の機能分子を配向・配列させる反応場でもある．さら

I. 分子組織体を用いるナノ構造の調製　131

に、そこにイオンチャネルや光合成の電子伝達系のように、膜の両側の分子やイオンの輸送や反応の結合により、生体は外部と物質やエネルギーのやり取りをしている。たとえば、最近のリポソームによるDNAの細胞への導入や薬物キャリアとしての利用には、この閉じ込めや細胞膜間の相互作用を利用していることになる[2]。このような膜の性質のうちもっとも単純な物質の閉じ込めを用い、ユニークな無機ナノ構造を調製することができる。

1. マイクロエマルションやリポソームを用いる無機ナノ粒子の調製

　均一溶媒系で作られた貴金属コロイドの大きさは、出発物質の濃度・還元法・保護コロイドの種類などの調製条件により複雑に変化し、系統的にサイズをコントロールし単分散で安定なコロイドを得ることは可能だが、あまり容易ではない。この困難を解決する手段として、油相に水が界面活性剤により分散された状態のW/Oマイクロエマルション（逆ミセル）の利用がなされている。マイクロエマルションの中心にある界面活性剤の親水基により安定化されている水相（water poolとよぶ）を用いる貴金属コロイド粒子の調製である。この調製法の初めての例として、BoutonnetらはW/Oマイクロエマルション、水/CTAB/オクタノールまたは水/PEGDE/ヘキサン、のwater pool中で貴金属イオンを還元し貴金属コロイドを調製した[3]。ここでCTABは臭化セチルトリメチルアンモニウム、PEGDEはペンタエチレングリコールドデシルエーテルである。水素あるいはヒドラジン還元により白金・パラジウムなどの単分散コロイドが調製され、その直径は30〜50Åで標準偏差・再現性誤差はともに10%であった。生成した粒子は均一水溶液中と同様に数日後には沈降しはじめるが、振とう・軽い超音波処理で再分散させることができる。

　同じW/Oマイクロエマルション中で、栗原らは光還元とラジオリシスにより金コロイドの生成を調べた[4]。マイクロエマルションのwater pool中に生成した金コロイドの直径は約150Åで、水溶液中の400Åに比べ小さく単分散である。パルスラジオリシスによる反応速度解析やwater pool中のイオン濃度の見積もりにより、マイクロエマルション中でのコロイド粒子の生成はwater pool間の水溶液の交換を通して進行することがわかった（図3）。

　その後、マイクロエマルション中での金属微粒子調製は、Pileniらのグルー

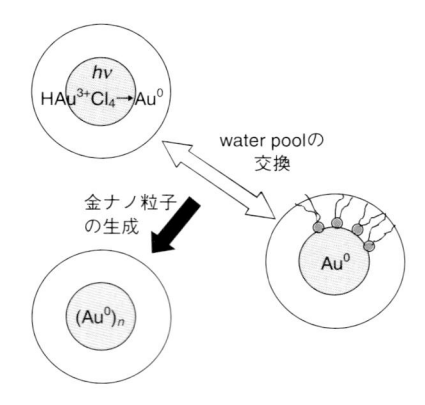

図3 マイクロエマルション中の water-pool の交換による金ナノ粒子の光還元による生成 [4]

図4 不定形カーボン上に銀ナノ粒子の作る超結晶の走査電子顕微鏡写真 [6]

プなどを中心として活発に行われ，微粒子のサイズの制御また対象とする金属の種類も多様になっている．マイクロエマルションのサイズは，系に含まれる水の量，すなわち water pool のサイズにより決まり，微粒子のサイズもそれに従って変わる [5]．Pileni らのグループではさまざまな調製条件の調整により非常に均一な粒子を調製でき，そのため3次元（f.c.c）超結晶が自己組織的に形成されるとしている（図4）．そのような粒子はたとえばナノ粒子間の双極子相互

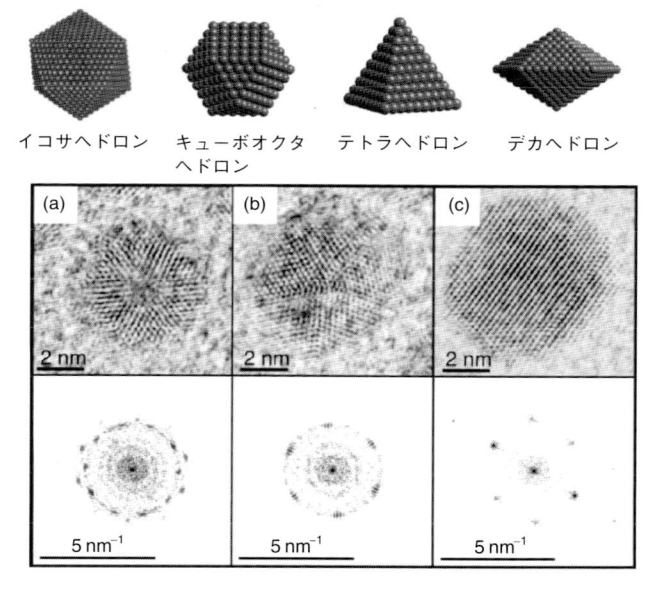

I. 分子組織体を用いるナノ構造の調製

図5 マイクロエマルション中で調製した銀ナノ粒子の形態
中段は高分解能透過電子顕微鏡写真，下段はそれをフーリエ変換したパワースペクトラム．形は (a) デカヘドロン, (b) イコサヘドロン, (c) キューボオクタヘドロン [7].

作用によりコヒーレントな振動を示すという興味深い結果が得られている [6]．材料研究においては地道な積み重ねが非常に大きな成果につながる可能性があることを示す例でもある．さらに，最近の総説によれば，形の異なるナノ結晶の作り分けも試みられている（図5）[7]．さまざまな形態が作り出され，核の形態が保たれ，また，還元剤の量が重要な役割を果たしているとされているが，形態制御の理解のためにはさらなる研究が必要と述べられている．

2分子膜（二重層）人工リポソームの内水溶液相に取り込んだ出発物質イオンからは，均一溶液系に比べ単分散で安定な微細コロイドが比較的再現性よく得られた [8]．内側に水溶液相をもつ小胞体である2分子膜人工リポソーム系では，マイクロエマルションに見られるような水溶液相の交換はなく，安定なコロイド粒子を，内水溶液層への出発物質イオンの取り込み量により，サイズをある程度自由に変えて調製することができる．スチレン基をもつ界面活性

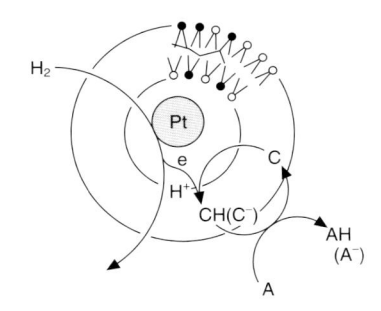

図 6 リポソーム内での白金ナノ粒子の調製と膜内外の反応の結合 [8]

剤 $H_2C=CHC_6H_4NHCO(CH_2)_{10}N^+(C_{16}H_{33})(CH_3)2Br^-$ (SS) とジパルミトイルホスファチジルコリン（DPPC）により形成された人工リポソーム内溶液中の K_2PtCl_4 を光により還元すると白金コロイドが生成する．同時に SS のスチレン基が光重合し膜が安定化されるため，白金粒子は分散液中で凝集せず安定に 1 カ月以上存在する．

　ここで用いられている人工リポソームやマイクロエマルション系では，分子の膜相（油相）・水相への溶解度の違いや界面活性剤への配向性を利用し，反応をある程度制御できる．そこで生成したコロイド粒子を触媒として利用する場合，反応物，中間種・生成物を異なる相に分配するような高度に組織化した反応系を設計できる可能性がある．図 6 はリポソームの外側にある分子を，内側に生成した白金触媒を用い水素で還元した例である．まず，膜中に存在する分子 C（たとえばメチレンブルー）が膜の内側界面で水素/白金触媒により還元され CH となり，CH は膜の外側界面で外部溶液に存在する酸化剤（たとえば $FeCl_3$）により酸化され元の C に戻り，結果として膜内外の反応が C により連結され，膜の内側の触媒を用い外側の分子が還元できたことになる．このサイクルはくり返し行うことができる [8]．

2. 界面活性剤を用いる鋳型合成による無機ナノ構造体の調製

　これまでの例は材料になるイオンの閉じ込めにより，最終的な粒子サイズや形態を制御した例である．分子組織体を利用して無機ナノ構造体を調製しているもうひとつの例に，界面活性剤の集合系を用いるゼオライトや無機酸化物の

鋳型合成がある．

　分子集合体を鋳型とする無機酸化物の最初の例は國武らにより報告されているが [9,10]，とくに応用への展開がされなかったため，現在もっともよく知られているのは，Mobil の研究者が開発し実用化されている MCM-41 の例である [11,12]．一般には鋳型となる界面活性剤集合体分散系の水相に原料となるシリカオキシドが取り込まれシリカ層を形成する [13]．図7にこのような鋳型合成に用いられる界面活性剤の集合系と，水相から生成したゼオライトまたはシリケート多孔体の構造を示す．シリカオキシドなどの原料物質が鋳型構造に取り込まれるとき，混合物が独自の会合構造をとる場合もある．ここから焼成や溶媒抽出により有機分子を取り除き，しばしば多孔構造をとる無機ナノ構造体が形成される．図8は2分子膜構造を形成する界面活性剤分子と $MeSi(OMe)_3$ とともに水に分散し，そのキャスト膜から得られたポリシロキサンのナノ構造体の例である [9,10]．このようなメゾ細孔をもつ材料は触媒や分子ふるいなどの多様な用途が期待されるため，同様な調製法の開発はその後世界中でなされ，分子の組織化の観点からも，写し取られた無機構造体の特異性からも興味深い材料が創製されている．たとえば最近では，らせん構造を写し取った例も出てきている [14]．

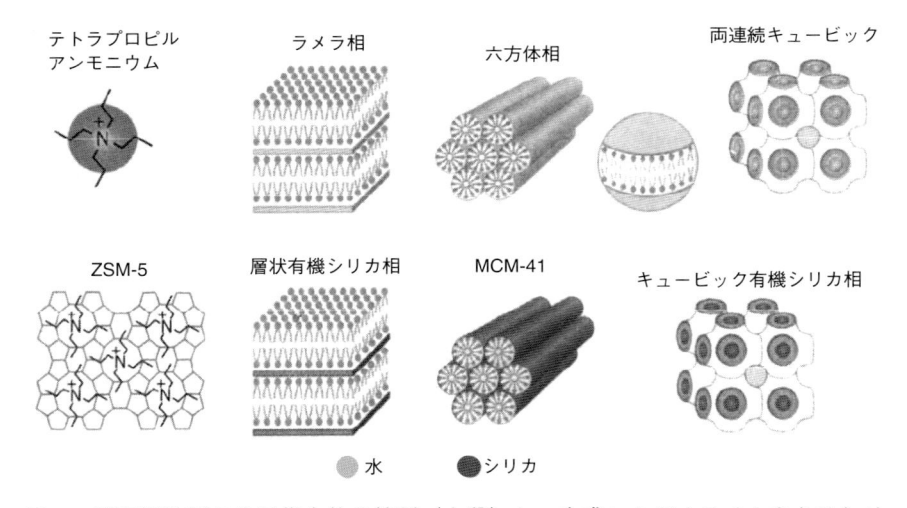

図7　界面活性剤の分子集合体の鋳型（上段）と，生成したゼオライトまたはシリケート多孔体の構造（下段）[1]

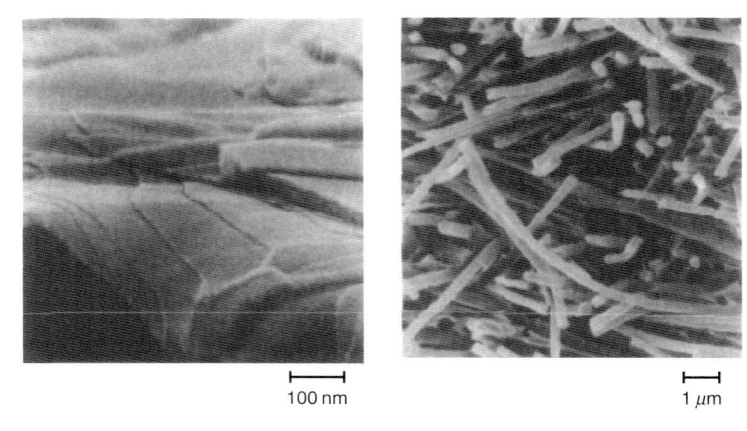

図 8 2 分子膜を用いた鋳型合成により形成されたポリシロキサンのナノ構造体の例 [9,10]

II. 分子の組織化による性質の変化

　現在，先端計測として 1 分子計測が盛んになされている．1 分子の性質が直接測定できることは大変魅力的であり，そのさらなる展開が期待される．ところで，1 分子がわかれば，物質の性質はすべてわかるのであろうか．たとえば，多分子系の相互作用が 1 分子の相互作用の単純な和となるのであろうか．答えは否である．ここでは，その単純な例として，といっても決して単純に説明できるわけではないが，高分子電解質ブラシの圧縮弾性率に，密度依存性の転移を見いだした例を紹介する．

　高分子電解質は，高機能材料としてますます用途が広がっており，タンパク質や DNA など生体分子の多くも高分子電解質である．しかし，高分子性とイオン性さらに対イオンの存在により複雑な挙動を示すため，その物性の理解はむずかしいとされてきた．高分子電解質をブラシ状に 2 次元的に並べ，表面力測定により立体斥力を測定することで，その広がりや圧縮に対する応力曲線を得ることができ，その構造特性を分子レベルで検討することができる [15,16]．

　ブラシ膜中でのポリグルタミン酸やポリリジンの 2 次構造は，重合度や水相の pH などの調製条件で異なるが，その割合や配向，イオン化度は，FTIR で定

量できる．これらの膜の間にはたらく表面力を測定し，立体力成分の解析から，高分子鎖の長さとブラシ層（1分子層）の圧縮弾性率を得た．αヘリックスやβシートの場合，数十MPa程度（値は重合度や構造により異なる）である．ポリペプチドをイオン化すると高分子鎖が伸張し，初期の圧縮弾性率は0.2 MPaと小さくなる．イオン化した鎖の立体力成分の応力曲線は，距離（L）については立体斥力の作用しはじめる距離（L_0），応力（P）については半分まで圧縮したときの応力（P_0）を用いるとスケーリング則が成り立つ（図9）．この立体斥力の塩濃度依存性，イオン化の程度，ブラシ層の表面電位などから，立体斥力が対イオンの浸透圧に起因していると考えており，実際，対イオンの浸透圧とするモデルで応力曲線を再現できる．このとき，イオンの実効モル分率と成分としてのモル分率との比をとる活量係数（イオンの場合は完全解離からのずれを示し，浸透圧の場合は浸透圧係数とよぶ．実際には，正と負のイオンの間に何らかの相関があって存在することを示す）のみをフィッティングパラメータとして用いている．

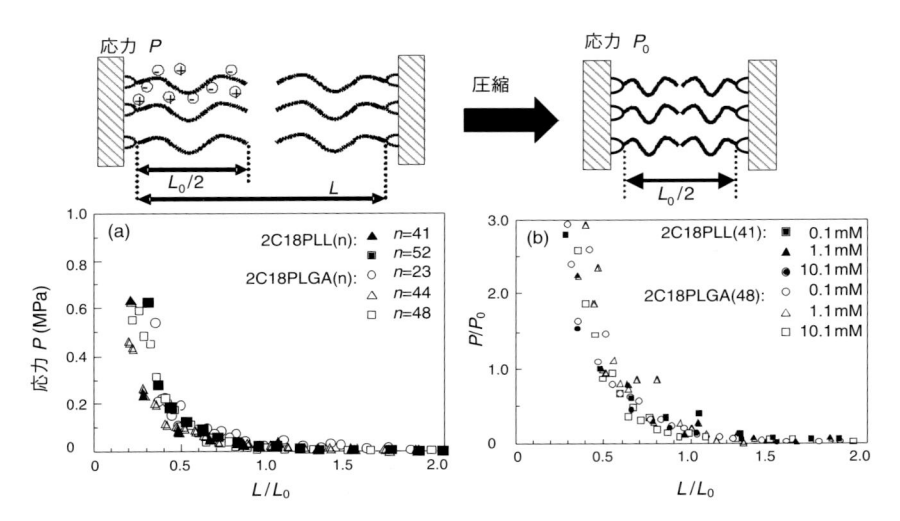

図9 イオン化状態のポリグルタミン酸（**PLGA**）およびポリリジン（**PLL**）ブラシ間の表面力から求めた応力曲線
(a) 重合度（n）依存性，(b) 塩（KNO_3）濃度依存性 [16]．

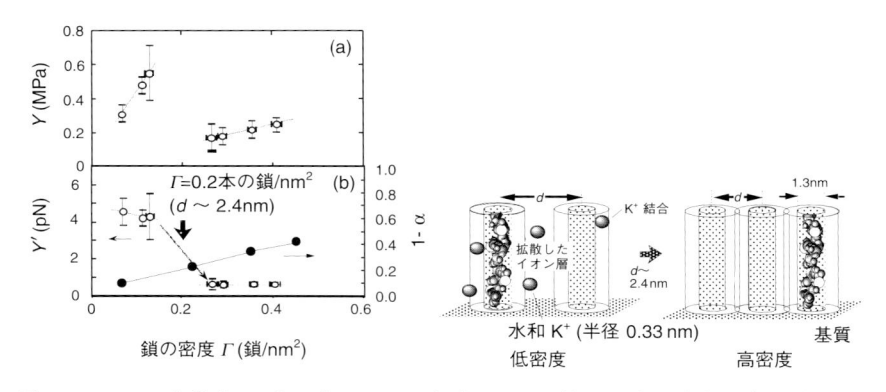

図10 イオン化状態のポリグルタミン酸ブラシの圧縮弾性率の密度依存性（左）とブラシ構造の模式図（右）[17]

左図の (a) は単位面積あたり，(b) は鎖1本あたりの圧縮弾性率．右図の中心は高分子鎖で，その周囲の円筒は対イオンのサイズを示している．

　イオン化状態のブラシ層の圧縮弾性率は典型的なゴムの圧縮弾性率 1 MPa よりも小さく，鎖に沿って電荷が圧縮されることを考えると奇妙な感じである．実はこれは鎖の密度が高い場合の値であることがわかった．このブラシ層中の高分子鎖の密度を下げると，ある密度で圧縮弾性率が急激に大きくなるという現象が見いだされたのである [17,18]．図10はこのときの単位面積あたり (a) と鎖1本あたり (b) の圧縮弾性率（それぞれ Y と Y'）を，ブラシ中の鎖密度に対してプロットしたものである．一緒にプロットしてある α は，FTIRスペクトルからもとめたブラシ層のイオン化度（厳密には-COOKの割合）であり，飛びは見られない．この転移のおこる密度では，ちょうど高分子鎖の太さに対イオンの大きさの2倍を加えた距離に鎖の中心があることになり，対イオン層まで加えると高分子鎖はほとんど接していると考えられる．従来，1本の高分子鎖状の電荷がある密度以上になると対イオンが鎖の周囲に凝集することが知られている（対イオン凝集）[18]．このような高分子電解質鎖が接するとき，ある密度以上では対イオンは高分子鎖にさらに強く結合し活量係数が下がるために，浸透圧すなわち立体斥力が小さくなる転移が見られると考えている．高分子電解質は溶液中でその濃度が高くなると特異な挙動をとることは知られていたが，適当な説明がなかった [19]．ブラシ層の結果は，高分子電解質が集合す

るとその特性が変わることを示しており，分子集合系を考えるうえで興味深い．

III. 固-液界面における分子の集団的挙動

　さまざまな自己組織体が報告されるようになっている．最近，非常に単純なエタノールのような分子が固体表面に吸着する場合にも，部分的には結晶に近いような秩序構造が形成される場合のあることがわかってきた．
　アルコール/シクロヘキサン混合溶液のような2成分液体中では，一方の成分（この場合はアルコール）が固体表面（たとえばガラス）に過剰吸着することはよく知られていたが，吸着等温線測定など限られた研究が行われているのみであった．吸着層の組成や構造はどうなっているのだろうか．それに伴い相互作用はどう変わるのかを知りたいと考えたのが研究の始まりである．具体的には，コロイドプローブ原子間力顕微鏡を用いる表面力測定により吸着層の境界を見積もり，FTIR-ATR法により吸着種の同定や水素結合構造の評価を行った．するとアルコール，カルボン酸，アミドなどの水素結合性分子が，シクロヘキサンなどの非極性溶媒からシリカ基板に吸着するとき，表面のシラノール基を起点とし数十ナノメートルに及ぶ分子組織体（分子マクロクラスター）を形成することを見いだすことができた（図11）[20-23]．固-液界面の液体の構造

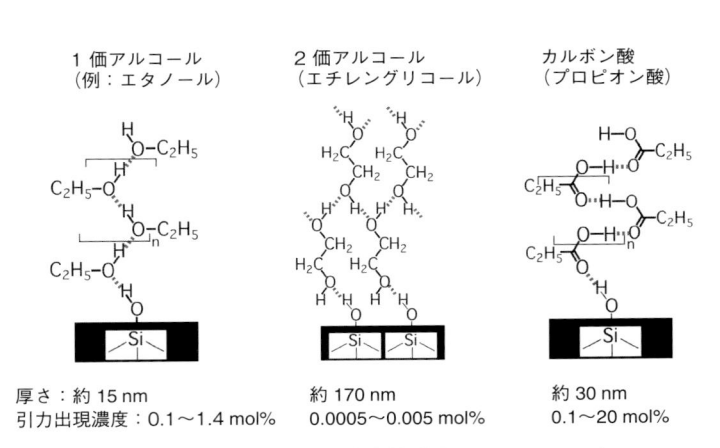

図11　固-液界面の水素結合性分子マクロクラスター

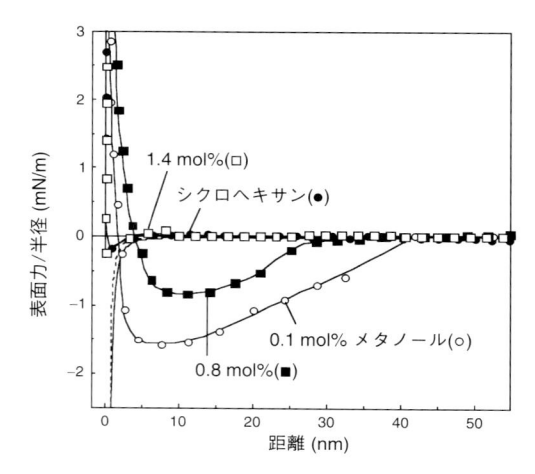

図 12 エタノール/シクロヘキサン 2 成分液体中のガラス間の表面力 [20]

形成を分子レベルで実験的に明らかにした研究であり,またその吸着層の間には長距離引力(エタノールの場合,約 35〜40 nm)がはたらくことから,相互作用の解明と制御からも興味深い.さらにモノマーを吸着させ界面でその場で重合し,高分子薄膜の調製も行っている [22,23].

特性のひとつとして相互作用の変化を見てみよう.エタノール/シクロヘキサン 2 成分液体中でのガラス間の相互作用曲線を図 12 に示す.純シクロヘキサン中では,ファンデルワールス力により距離 2〜3 nm から引力がはたらく.一方,エタノールをわずか 0.1 mol% 加えるだけでガラス間の相互作用は大きく変化し,35 ± 3 nm の距離から引力が出現し,3.5 ± 1.5 nm 以下の近距離では斥力となった [20,21].

吸着量測定から,純粋なエタノールが吸着すると仮定して得た吸着層の厚みは,濃度 0.1 mol% において 13 ± 1 nm と見積もられ,長距離引力の出現する距離の 1/2 とほぼ一致した.したがって,この濃度では,吸着層はほぼ純粋なエタノールからなり,吸着層の接触により引力が出現すると考えられる.引力曲線の解析により吸着層/バルク相間の界面エネルギーが得られる.一方,短距離の斥力は吸着するエタノールマクロクラスターによる立体斥力である.

エタノール濃度を上げると,吸着量は一定であるにもかかわらず,長距離引

力は減少し 1.4 mol%でシクロヘキサン中とほぼ同じとなる．この一見矛盾する結果は，吸着層のダイナミクス挙動によると考えている．現在 NMR による検討を進めており，エタノール濃度が上昇し，バルク中にクラスターが存在する領域では，界面の吸着層とバルク溶液の間でエタノール分子の交換がおこることを支持するデータが得られている [24]．

　この現象は，シクロヘキサンと相分離をおこすメタノール系でも，完全混合するエタノール，1-プロパノールでも共通して観察されるため，基本的には表面により誘起される現象である [25]．しかし，分子構造の微細な違いを反映し，2-プロパノールでは長距離引力は出現しなかった [26]．2-プロパノールは，バルク溶液中で直鎖状でなく環状クラスターを生成することが知られており，このため吸着層の界面エネルギーが小さく長距離引力が出現しないと考えている．また2価アルコール（エチレングリコール）では引力の出現する距離が 300 nm 以上に及び，より安定な吸着層が生成することがわかる [27]．

●おわりに

　ナノサイエンスならびにナノテクノロジーにおいて，自己組織性によるボトムアップ的なメゾフェーズ（ナノ構造）の構築がひとつの原理として提出され，多くの研究がなされている．生物を見れば，自己組織性はタンパク質や脂質分子の集合から細胞，個体までの各階層をつなぐ基礎原理である．またナノの目で見ると，従来から研究されている材料・現象においても思いもかけない秩序構造を見いだすことができる．集団的ナノ構築から発想できる事象は数多いが，常に新鮮な気持で対象に向かえば，さらに新たな扉が開かれていくことが期待できよう．

文献

[1] Fendler, J. H.: Membrane Mimetic Chemistry, A Wiley-Interscience Publication, John Wiley & Sons (1982)
[2] 谷原正夫：有機・無機ハイブリッドと組織再生材料，アイピーシー (2002)
[3] Boutonnet, M., Kizling, J., Stenius, P.: *Colloids and Sciences*, **5**, 209 (1982)
[4] Kurihara, K., Kizling, J. , Stenius, P., Fendler, J. H.: *J. Am. Chem. Soc.*, **105**, 2574 (1983)

[5] Pileni, M. P.: *J. Phys. Chem*, **97**, 6961-6973 (1993)
[6] Courty, A., Albouy, P. A., Mermet, A., Durval, E., Pileni, M. P.: *J. Phys. Chem. B*, **109**, 21159 (2005)
[7] Pileni, M-P.: *J. Exp. Nanoscience*, **1**, 13 (2006)
[8] Kurihara, K., Fendler, J. H.: *J. Am. Chem. Soc.*, **105**, 6153 (1983)
[9] Sakata, K., Kunitake, T.: *Chem. Lett.*, 2159 (1989)
[10] Sakata, K., Kunitake, T.: *J. Chem. Soc. Chem. Commun.*, 504 (1990)
[11] Kresge, C. T., Leonowicz, M. E., Roth, W. J., Vartuli, J. C., Beck, J. S.: *Nature*, **359**, 710 (1992)
[12] Beck, J. S., Vartuli, J. C., Roth, W. J., Leonowicz, M. E., Kresge, C. T., Schmitt, K. D., Chu, C. T-W., Olson, D. H., Sheppard, E. W., McCullen, S. B., Higgins, J. B., Schlenker, J. L.: *J. Am. Chem. Soc.*, **114**, 10834 (1992)
[13] Davis, M. E.: *Nature*, **364**, 391 (1992)
[14] Che, S., Liu, Z., Ohsune, T., Sakamoto, K., Terasaki, O., Tatsumi, T.: *Nature*, **429**, 281 (2004)
[15] Abe, T., Higashi, N., Niwa, M., Kurihara, K.: *J. Phys. Chem.*, **99**, 1820 (1995)
[16] Hayashi, S., Abe, T., Higashi, N., Niwa, M., Kurihara, K.: *Langmuir*, **18**, 3932 (2002)
[17] Abe, T., Kurihara, K., Higashi, N., Niwa, M.: *Langmuir*, **15**, 7725 (1999)
[18] Mannig, G. S.: *Ber. Bunsen-Ges. Phys. Chem.*, **100**, 909 (1996)
[19] Dantzenberg, H., Jaeger, W., Kötz, J., Philipp, B., Seidel, Ch., Stscherbina, D.: Poly-electrolytes: Formation, Characterization and Application, Carl Hanser Verlag (1994)
[20] Mizukami, M., Kurihara, K.: *Chem. Lett.*, 1005 (1999); 256 (2000)
[21] Mizukami, M., Moteki, M., Kurihara, K.: *J. Am. Chem. Soc.*, **124**, 12889 (2002)
[22] Kurihara, K., Mizukami, M.: *Proc. of Japan Academy.*, **77**, 115 (2001)
[23] Zhong, Mizukami, Fukuchi, Miyahara, Kurihara, K.: *Chem. Lett.*, 228 (2004)
[24] Nakagawa, Y., Endo, S., Mizukami, M., Kurihara, K.: *Trans. MRS-J30*, **30**, 667 (2005)
[25] Mizukami, M., Nakagawa, Y., Kurihara, K.: *Langmuir*, **21**, 9402 (2005)
[26] Mizukami, M., Kurihara, K.: *Aust. J. Chem.*, **56**, 1071 (2003)
[27] Kurihara, K., Nakagawa, Y., Mizukami, M.: *Chem. Lett.*, 84 (2003)

Chapter 7

ナノスケール構築

貴金属触媒における粒子径と担体の効果

春田正毅

● はじめに

　固体触媒は20世紀の初頭に実用化され，アンモニアや硫酸などの無機合成，合成ガスからのメタノール製造などの石炭化学，石油の精製および化学合成品や高分子の合成などの石油化学をもたらしてきた．今後は環境にやさしい化学（グリーンケミストリー）や再生可能資源を化学原料とするバイオマス化学の発展をもたらす基盤となるであろう．触媒物質としては金属硫化物，金属酸化物，金属が用いられるが，なかでも金属触媒は還元にも酸化にも使用され，幅広い用途をもっている．金属触媒に用いられる元素は周期律表のⅧ族とⅠ族であるが，その歴史的変遷は，図1に要約したように，上段（3d）左のFeに始まり，最下段（5d）右のAuにいたる展開である．4d，5dの貴金属は石油化学の発展を支える中核的触媒として20世紀後半から本格的に用いられてきた．高価であることからできるだけ微粒子にして表面積を稼ぐ工夫が自然となされ，貴金属触媒はもっとも古くからあるナノテクノロジーといっても過言ではない．

　貴金属触媒は化学工業のみならず，自動車排ガス浄化，ガスセンサ，固体高分子型燃料電池などに広く利用されており，触媒外販市場では触媒全体の販売額の約半分を占める（貴金属に対する初期投資額を算入した場合）．これま

族\価電子	VIII			IB
	8	9	10	11
3d	Fe アンモニア合成	Co ガソリン合成	Ni 油脂水添	Cu メタノール合成
4d	Ru	Rh 精密化成品合成	Pd 化成品合成	Ag エチレンエポキシ化
5d	Os 猛毒（×）	Ir	Pt 排ガス浄化 石油改質	Au

卑 ↑ ↓ 貴

図1　金属触媒の成分元素とそのおもな用途
RuとIrは用途が限定される．Auは触媒機能がないとされていた．

は，熱安定性が高く，かつ酸化・還元のどちらの雰囲気にも強く，比表面積の大きな物質，たとえばアルミナやシリカ，活性炭などを担体として，貴金属が直径10 nm前後のナノ粒子として分散・固定化されていた．近年，環境保全に対する取り組みが増すにつれ，触媒に対する要求が多様化・高度化しており，貴金属の複合化や担体の機能化など，ナノメートル寸法での構造と機能設計が行われている．

最近の自動車では，燃費向上のため酸素過剰下で運転されるリーンバーン（希薄燃焼）ガソリンエンジンが搭載されており，この排ガスの浄化にはアルミナ担体上に白金族貴金属のほか，BaOとCeO_2をナノ粒子状に分散した触媒が使用される．BaOとCeO_2は酸素過剰のときに各々NOxや酸素を吸蔵する機能をもっており，一方，パルス的に短時間酸素不足（燃料リッチ）にしたときにはNOxと酸素を放出するので，触媒としてはたらく白金族貴金属粒子の表面近傍ではNOxがN_2に還元され，COと炭化水素は酸化できるような化学量論比の条件が定常的に作り出されている[1,2]．また，パラジウムのペロブスカイト型酸化物を自動車排ガス浄化触媒として用いることにより，Pdナノ粒子がその担体となっているペロブスカイト構造から常に補給され，長寿命の触媒となることが見いだされている[3]．

一方，居住空間での空気の質に対する関心の高まりから，ホルムアルデヒドなどの内分泌かく乱物質，アンモニアやトリメチルアミンなどの悪臭，有毒なCOを室温で完全酸化分解する低温活性触媒が求められており，担体との相乗効果を利用した金ナノ粒子触媒が注目されるようになってきた[4-6]．本章では，最近の触媒に対するニーズの中で「低温化」という一つの潮流に焦点を当て，貴金属触媒における粒子径と担体の効果について述べる．とくに，金は普通では触媒とならないとされていた元素であるが，特定のナノ構造を作れば飛躍的な変貌を遂げるので，代表例として中心的にとりあげる．

I. 貴金属触媒の調製

通常，貴金属は粒子直径（以下，粒子径と略す）10 nm 以下のナノ粒子として Al_2O_3 や SiO_2 などの金属酸化物粒子上に分散・固定化した状態で使用される．これが担持貴金属触媒であるが，その調製法には主として以下の6つの方法がある．

1. 含浸法

水溶性貴金属塩 [H_2PtCl_6，$Pd(NO_3)_2$ など] の水溶液に担体となる金属酸化物の粉末，顆粒，ハニカム（蜂の巣状成形体）などを懸濁，浸漬したのち，蒸発乾固，乾燥する．これを空気中または空気流通下300℃以上の温度で焼成し貴金属塩を酸化分解し，担体上に貴金属酸化物のナノ粒子を分散・固定化する．さらに，水素を含む不活性ガス流通下200℃以上の温度で還元処理して貴金属ナノ粒子に変換する．

この調製法で貴金属の粒子径の分布を狭くするには，蒸発乾固，乾燥の工程で貴金属塩をできるだけ担体表面に均一に分散することが重要である．そのためには凍結乾燥が有効である．また，貴金属の担持量を少なくすれば粒子径を小さくすることができる．ただし，金の場合，H_2AuCl_4 を原料として使うことが多く，塩素イオンが金の凝集を著しく促進するので，金の粒子は直径30～100 nm と非常に大きくなり，この方法では高活性の触媒を得ることはむずかしい．塩素イオン，硝酸イオン，硫酸イオンが昇華するには700℃以上の温度が

必要であるので，これらのイオンが触媒毒となる反応に用いるときには，焼成後の試料を温水で洗浄し，これらの陰イオンを担体金属酸化物から除去するとよい．

2. 共同沈殿法

共同沈殿法 [7,8] は貴金属と担体の金属成分との混合物を前駆体として調製する方法の代表であり，水溶性貴金属塩と水溶性卑金属塩（たとえば硝酸第二鉄）の混合水溶液を炭酸ナトリウム水溶液に添加し中和することにより，貴金属と卑金属の水和物の混合物沈殿をつくる．これを洗浄・乾燥したのち，空気中 300℃以上の温度で焼成すると，金ナノ粒子触媒が得られる．

同様に，貴金属と卑金属酸化物（たとえば Au と Co_3O_4）のターゲットを $Ar+O_2$ ガスでスパッタして，金もしくは金の酸化物と担体となる金属酸化物との混合物をつくり，これを空気中 300℃以上の温度で焼成すると Au/Co_3O_4 の薄膜を形成することができる．また，急冷法で非晶質合金（たとえば Au-Zr）のリボンをつくり，これを空気中で焼成すれば Au/ZrO_2 粉末をつくることができる．

3. 析出沈殿法

水溶液中では金属酸化物担体の表面は水酸化物層で覆われており，これに貴金属を水酸化物，たとえば $Pd(OH)_2$，$Au(OH)_3$ として析出沈殿させると強く密着する．この場合，液相では貴金属水酸化物の沈殿がおきない条件（濃度，pH，温度）を選ぶことが肝要である．等電点[*1]の低い SiO_2 や活性炭，Al_2O_3-SiO_2 やゼオライトなど酸性の強い担体では，表面で貴金属の水酸化物沈殿が生成しないので，この方法は適用できない．析出沈殿後の担体を水洗，乾燥したのち，空気中 300℃以上で焼成する [9]．金以外の貴金属では，この後，水素含有不活性ガス気流下で還元処理して貴金属ナノ粒子とする必要がある．

[*1] 等電点：水溶液中に分散した固体粒子の表面に吸着するカチオンとアニオンの電荷が全体としてゼロになる pH．固体が酸性であれば低い値，塩基性であれば高い値．

4. グラフティング（接合）法

　貴金属の有機錯体，たとえば金属ジメチルアセチルアセトナートはその酸素原子を介して担体の表面 OH 基のプロトンと強い化学結合をもつ．これを用いる方法には，気相グラフティング法 [10] と，メタノールのような溶媒に溶かして担体表面に吸着させてから，乾燥したものを 300℃ 以上の温度で焼成する液相グラフティング法 [11] がある．気相グラフティング法は，析出沈殿法ではうまく分散・担持できない酸性担体にも適用できることが特長のひとつである．

5. 真空蒸着法

　素性のはっきりとした（構造や純度が明らかな）モデル触媒を作製するには，担体となる金属酸化物の単結晶表面に貴金属を真空蒸着する．金の場合は酸素との結合がきわめて弱いので，金ナノ粒子が表面上を動き凝集が進むため，通常は粗大粒子になってしまう．しかし，表面の酸素欠陥などが金ナノ粒子の固定場所となるので，単結晶表面に欠陥をつくれば金ナノ粒子をそこに固定化することにより，表面科学的研究に有用なモデル触媒を形成することができる [12]．

6. 貴金属コロイド粒子を利用する方法

　活性炭に貴金属を担持するときは含浸法か液相還元法が用いられるが，金の場合はナノ粒子として活性炭に直接担持することが困難である．現在のところもっとも有効な方法は，粒子径のそろった金ナノ粒子の表面に有機の化合物または高分子 [たとえば PVP；poly(N-vinyl-2-pyrolidone)] を吸着させた安定化コロイド溶液を用いる方法である [13]．金コロイド溶液と担体粉末とを混合し，溶媒を蒸発させたのち，焼成することにより保護コロイド分子を燃焼除去する．

II. 貴金属ナノ粒子触媒の微細構造：金を例として

1. Au/Fe$_2$O$_3$

　共同沈殿法で調製した Au/Fe$_2$O$_3$ は CO 酸化のほか，悪臭物質のひとつであるトリメチルアミンの酸化分解に高い触媒活性をもつ [14]．透過型電子顕微鏡（TEM）で観察したところ，金粒子は直径 4 nm 前後で大きさがほぼそろってお

図 2 共沈法,400℃焼成で調製した $Au/\alpha\text{-}Fe_2O_3$ の TEM 写真

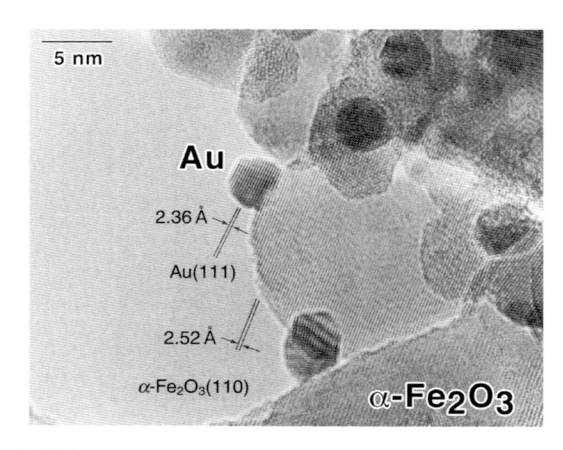

り(標準偏差 30%),かつその分布が酸化第二鉄粒子上でほぼ均一であった.倍率を上げて図 2 に示すような格子像を得ると,金粒子はヘマタイトの (110) 面に対して (111) 面が配位しているものが多いことがわかった [15].このことから,共沈物を焼成する過程でヘマタイト結晶構造が形成されるとき,金は結晶内部からはじき出されて表面に出てくるが,この過程でエピタキシャル[*2]的に強固に接合されるところを探し安定化されるので,それ以上凝集されることなく,ナノ粒子でとどまると推察される.共沈法で調製された Au/Co_3O_4 や Au/NiO でも同様なエピタキシャル接合が観察される.

2. Au/TiO_2

二酸化チタン(TiO_2)は光触媒としてよく知られているが,通常の酸化反応に対する触媒活性はそれほど高くない.しかし,半球状の金ナノ粒子を分散・固定化すると,常温 CO 酸化だけでなく,これまでほかの触媒では困難であったプロピレンの気相一段エポキシ化に対しても高い触媒活性と選択性を示す.

二酸化チタンにはアナターゼとルチルの 2 つの結晶構造があるが,金ナノ

[*2] エピタキシャル:異種物質の接合界面において各々の原子配置がうまくフィットすること.格子間隔の違いが 6% 以内であれば,エピタキシャル接合の可能性が高い.

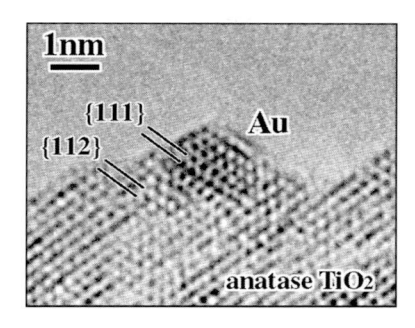

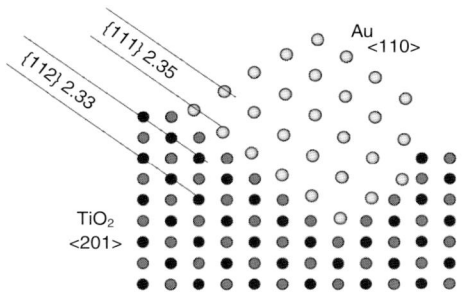

図3 析出沈殿法，400℃焼成で調製したAu/TiO₂ アナターゼのTEM写真（左）およびAu(111)とTiO₂(112)の界面原子配置モデル（右）

粒子を析出沈殿法で分散・固定化すると，ルチル構造ではAuとTiO₂との間にAu(111)/TiO₂(110)以外にも多くの配向方位性があり，特定の接合が集中的に見られるわけではない．一方，アナターゼ型では，図3に示すように，Au(111)/TiO₂(112)の接合が主として観察される[16]．それは格子間隔がAu(111)で2.35Å，TiO₂(112)で2.33Åとほぼぴったりと一致し，エピタキシャル接合が容易となるからであろう．それでは金ナノ粒子がくっついているTiO₂の表面は酸素露出面なのか，それともチタン露出面なのかという点に興味がわいてくるが，最密充填された酸素露出面の可能性が高い[17]．

アナターゼとルチルの粒子が混在している試料を担体として用いたときは，Auナノ粒子が密集して付くTiO₂粒子とそうでない粒子が存在する．暗視野走査透過型電子顕微鏡電子エネルギー損出分光（ADF/STEM-EELS）を用いて詳しく調べると，金ナノ粒子が密集してくっつくのは，ルチル型結晶の粒子であることが判明した[18]．このように担体の結晶構造の違いによって金の析出に濃淡が生じることは興味深いが，その理由はわかっていない．

III. 貴金属触媒における担体効果とサイズ効果

担持貴金属触媒の触媒特性を決定づける因子として重要であるのは以下の3つである．
1) 担体の選択：目的とする反応によって担体を適切に選択すること．低温での

触媒活性を発現するには，担体金属酸化物の反応への直接的関与が必要であることが多く，そのため担体の選択が第一に必要である．
2) 金属粒子の寸法：同じ重量の金属の露出表面積は，粒子径を小さくするとそれに反比例して増大する．直径が 1 mm と 10 nm の場合では，10^5 倍も露出表面積が違う．さらに重要なことは，露出表面積あたりの触媒活性 [厳密には表面に存在する原子 1 個あたりの反応速度，これを TOF（turnover frequency）とよぶ] が急増するサイズを見いだすことである．通常，直径 10 nm 以下が望ましいが，それはエッジやコーナーの比率が増加し，そこでは分子の吸着や活性化が容易に進む場合があるからである．さらに，2 nm 以下になると金属自身の電子構造が変わり，バルクとは異なった劇的な物性変化が現れる．この変化が触媒として好ましい場合とそうでない場合がある．
3) 接合構造：金触媒の場合，金粒子と担体とが密着して接合し，接合界面周縁部ができるだけ長いことが触媒活性の発現に必須である．この接合界面では酸素欠陥ができやすいと考えられ，ここで酸素分子の活性化が進行すると予想される．したがって，酸化反応における触媒活性や選択性を上げるためには，この接合界面周縁部が長いと有利である．そのためには，できるだけ小さな粒子が半球状になって担体とぴったりくっ付くことが求められる．この場合，粒子径が半分になると触媒活性はその逆数の 2 乗，4 倍になる．

以上の 3 要素の効果について，2 つの反応を例にとって実例を紹介する．

1. 一酸化炭素（CO）の酸化

一酸化炭素の酸化は非常に単純な反応であることから，表面科学や速度論の立場から基礎的な研究が活発に行われてきたが，近年は，自動車排ガス浄化，喫煙室や地下駐車場の空気の浄化，燃料電池用水素の精製（水素中での CO の選択的酸化）などのニーズの高まりから，応用面でも注目されている．金も含めて貴金属触媒上では H_2 酸化のほうが CO 酸化よりおこりやすく，より低温で進行する．しかし，上記の 3 つの条件を備えた金ナノ粒子触媒では，CO 酸化のほうがはるかに低温でおこり，−70℃でも反応が進行する [15]．ただし，担体としてケイ酸アルミ，酸化タングステン，活性炭のような酸性担体を用いると，触媒活性はきわめて低い [6]．常温での CO 酸化では反応ガス中の水分が触

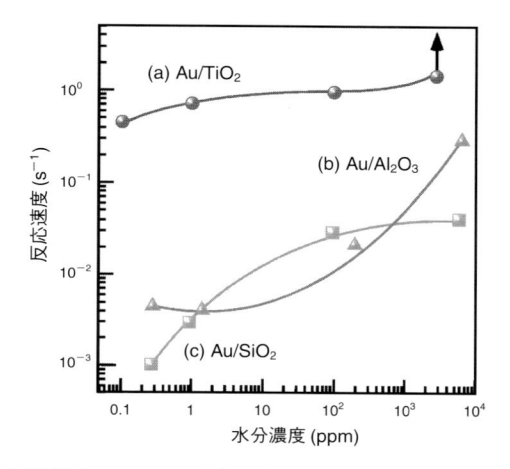

図 4　金ナノ粒子触媒上での CO 酸化に対する水分の促進効果：担体による違い

媒の活性を著しく変える．半導体製造用のウルトラクリーン配管を使った特殊な固定床流通式反応器（固定した触媒床に反応ガスを流通させる方式の反応器）で実験を行ったところ，図 4 に示すように，アルミナやシリカのような絶縁性酸化物を担体とする場合は反応ガス中に水分が不可欠であり，酸化チタンのように半導体性酸化物を担体とする場合は水分がなくても触媒活性があることがわかった [19]．

金属酸化物単独でも，Co_3O_4 や NiO などのように半導性を有するものは，水分が 1 ppm 以下になれば 0℃ 以下の温度でも CO 酸化を進行できる [20]．わずかでも水分があると CO の吸着が妨げられるので低温で活性が出ないだけであり，これらの遷移金属酸化物の表面そのものは低温で活性である．金ナノ粒子が存在するとそれが吸着サイトとなるので，水分の存在が反応の邪魔にはならない．

図 5 には Pt, Au 触媒上での CO 酸化反応速度（TOF）と金属の平均粒子径との関係を示す．Pt/SiO_2 触媒は常温では活性が低いので 473 K における TOF，一方，Au/TiO_2 触媒は室温で十分活性が高いので 273 K における TOF を示している．白金触媒の場合，5 nm 以下の領域では TOF がかえって減少するが，金の場合は粒子径の減少に伴い TOF が急激に上昇する．金以外の貴金属触媒

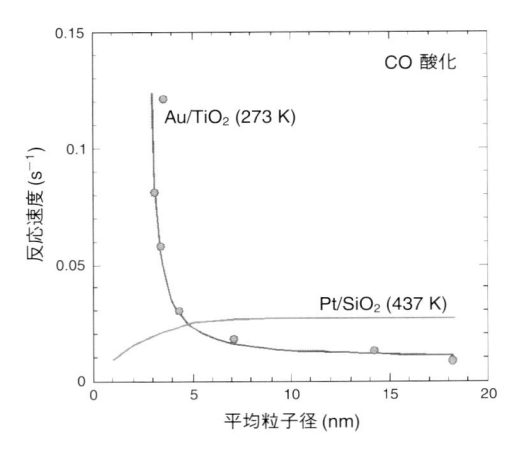

図 5　表面露出金属原子あたりの CO 酸化反応速度（TOF）の金属粒子径依存性

では，粒子径を小さくすることによって実用条件での TOF が増大する例は少ない [21]．

　図 6 には，金ナノ粒子触媒上での CO 酸化の反応経路を示す [19]．FT-IR を用いた CO の吸着・反応実験から，CO は金ナノ粒子のエッジやコーナーのところに C を向けて垂直に立って適度な強さで吸着する [22]．酸素の吸着は，$^{18}O_2$ を用いた実験で担体表面上に存在する ^{16}O が CO_2 にも多量に入ってくる結果から，金ナノ粒子の接合界面周縁部の担体側と推察される．金ナノ粒子側に吸着した CO と担体側に吸着した O_2 とが金ナノ粒子接合界面周縁部で反応し，この過程が遅く，CO と O_2 の吸着が速いと仮定すると，反応速度は気相における CO と O_2 の濃度に 0 次となることが予想されるが，実験結果はそのとおりであった．接合界面周縁部の長さは金粒子径の逆数の 2 乗に比例する（粒子径が半分になると単位重量あたりの粒子数は 8 倍，1 個あたりの周縁部の長さは半分になるので，接合界面周縁部は 4 倍となる）ことから，非常に著しい粒子径効果が見られることも説明できる．水の効果は接合界面での酸素分子の解離の促進，反応中に蓄積される炭酸塩種の分解促進によるものと推察される．

気相

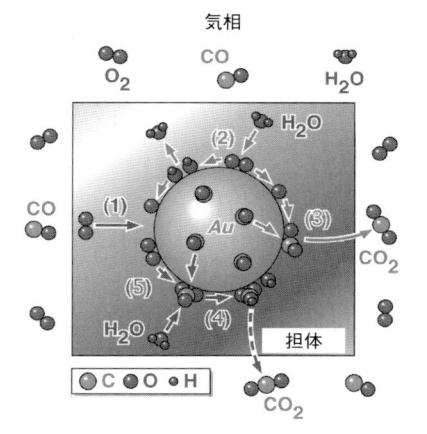

Au 表面に吸着した CO と担体側から吸着し活性化された酸素とが接合界面周縁部で反応する．

水は酸素分子の解離と表面炭酸塩種（被毒の原因）の分解を促進．

図 6　金ナノ粒子触媒上での CO 酸化の反応径路
➡口絵 6 参照

2．プロピレンオキシドの気相一段合成

　プロピレンオキシド（PO）は世界で年産約 600 万トンの基幹化成品であり，年率 5％前後の需要の伸びが続いている．現行の工業プロセスは 2 段階の反応を必要としており，副産物や併産物の処理，販売が重荷になっている．究極の反応は酸素分子だけを用いたプロピレンの気相エポキシ化であるが，アリル位（$-CH_3$）の C-H 結合のエネルギーが 77 kcal/mol であり，ビニル基（C=C）の C-H 結合の 112 kcal/mol に比べてかなり弱く，酸素によるアリル位水素の引抜きが優先的におこる．そのためアクロレイン（$OHCCH=CH_2$）が生成するか，CO_2 にまで酸化が進むので，PO を 50％以上の選択率で得ることはきわめてむずかしい [23]．

　一方，金または銀のナノ粒子触媒を用いると，水素による酸素の還元的活性化により気相一段で PO を 90％以上の選択率で得られる [24, 25]．この場合，担体としては二酸化チタンだけが有効で，しかもルチル構造ではだめで，アナターゼ構造のみ有効である．また，4 配位の孤立チタンイオンが SiO_2 のマトリックスに分散したチタノシリケートやチタノシリカライト（ゼオライト構造をもつもの）も担体として有効である [25, 27]．これらのことから，隣接するチタンイオン間の距離がPO選択性にとって重要で，O^{2-} イオンの直径以上であ

ることが必要のようである．

　プロピレンの酸素，水素との反応でも，金や銀のナノ粒子の接合構造は触媒の活性と選択性を決定的に変える．含浸法で調製した球状金微粒子は担体である TiO_2 上に単に接しているだけであり，この構造では，図7に示すように，POはまったく生成せず，CO_2 と H_2O が生成するだけである．すなわち，水素の燃焼による水の生成とプロピレンの燃焼が別個に進行する．一方，析出沈殿法で調製した金ナノ粒子は半球状で，その底面で TiO_2 としっかりくっついている．この構造では金ナノ粒子の接合周縁部が長くなり，おそらくここでプロピレン，酸素，水素が同時に反応し，POが選択的に生成すると考えられる．

　実用化への展開では，細孔が大きく（7 nm 以上）3次元的に連通したチタノシリケートを用い，生成したPOの脱着を容易にするとともに，POの異性化，クラッキング，重合を抑制するため，担体表面の酸点（$Si-O-H^+$）をトリメチルシリル化 [$Si-O-Si-(CH_3)_3$] する [26]．さらに，助触媒として触媒表面には $BaNO_3$ を，反応ガス中にはわずかなトリメチルアミンを添加することで，副反応をひきおこす酸点を臨機応変に被覆し，実用化が可能な水準に近づきつつある（たとえば，プロピレン転化率8％）[28]．

　PO生成の反応経路は，金ナノ粒子表面で H_2 と O_2 との反応により H_2O_2 が

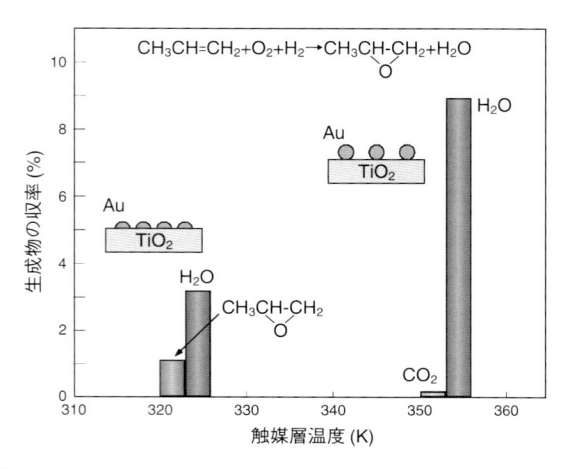

図7　金触媒上でのプロピレン，酸素，水素の気相反応生成物：接合構造の効果

生成し，これが担体表面の孤立チタンイオンと反応し Ti-OOH（パーオキサイド）をつくり，これとシリカ表面に吸着したプロピレンとが反応して PO が生成する．トリメチルアミンは担体の酸点に吸着し PO の副反応を抑えるだけでなく，金表面にも吸着し，H_2O_2 生成に寄与しない水素の消費を抑制すると考えられる．

IV．貴金属クラスターの非金属性と触媒作用

　粒子径が 2 nm 以下，原子数にして 300 個以内では，もはや金属としてのふるまいが変わり，バルクでは見られなかった新しい物性，構造が出現する．貴金属，とくに金はこうしたクラスター領域になっても大気中で安定であると予想されるので，物性，構造研究の対象として，また応用展開の題材として，最適である．

　図 8 は Au/TiO_2 触媒上でのプロピレンのエポキシ化における，金の粒子径の効果を示す [24]．粒子径 2 nm を境に生成物が PO からプロパンに急変しており，金が 2 nm 以下の粒子になると白金やパラジウムに似た性質（水素分子を常温で解離する）をもつようになることを示唆している．2 nm のところで電子状態がどのように変化するのかを調べるために，ルチル単結晶表面上に種々の寸法の金クラスターを分散した [29]．それらの 1 つ 1 つについて，走査型トンネル顕微鏡（STM）を用いて粒子径と厚みを観測し，さらにエネルギーギャップ

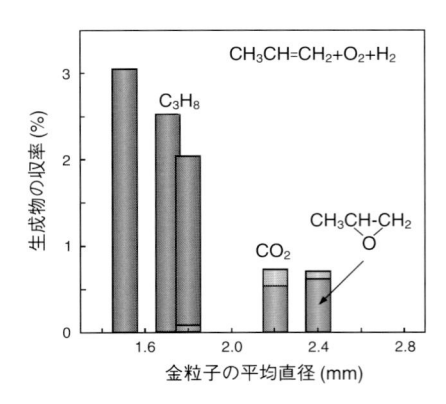

図 8　$Au/TiO2$ 触媒上でのプロピレンのエポキシ化と水素化：金粒子径の効果

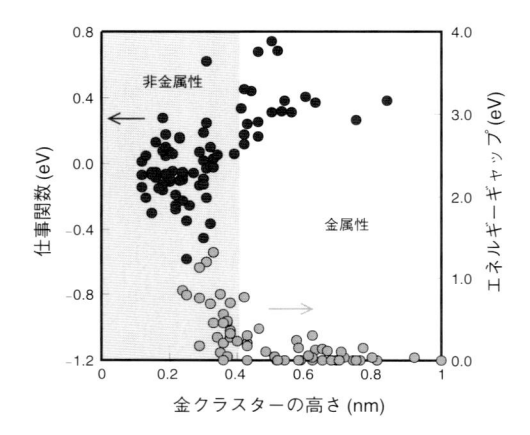

図 9 単結晶 TiO_2 上に真空蒸着した金クラスターの厚みと仕事関数とバンドギャップとの関係

と局所バリアハイト（仕事関数に比例する．探針-試料間距離に変調をかけ，局所的なトンネル障壁の高さを測り，$TiO_2(110)$ 面に対する相対値として表す）を測った．図9に示すように，金属-非金属転移がおこる寸法と局所バリアハイトが変化しはじめる寸法が一致しており，それが 0.4 nm 厚み，すなわち2原子層であることがわかった．また，この厚みの粒子の多くは，粒子径が 2 nm 前後であった．

貴金属コロイド粒子の表面に PVP などの高分子を吸着させることにより，凝集を防ぎ安定性を高めることができる．図10ではベンジルジアルコールの水溶媒中での酸素酸化の反応速度が Pd と Au で対照的な粒子径依存性を示す [30]．Pd の場合は，粒子径が小さくなると反応速度は減少するので，微小化は有益でない．一方，Au では 2 nm 以下になると2桁以上の反応速度の増大が見られるので，微小化は表面積の増大と相まって重量あたりの触媒活性の飛躍的増大につながる．

粒子径が 100 nm 程度の微粉末 MgO に析出沈殿法で金水酸化物を担持し，280℃で焼成すると，担体は $Mg(OH)_2$ のままで金が直径 1 nm 以下のナノクラスターとして分散・固定化されたものが得られる．この触媒系は –70° での CO 酸化には最も活性が高いが，3～4か月経つと突如として活性を失う．TEM では多少金クラスターの寸法が大きくなったと観察された．金クラスターによる

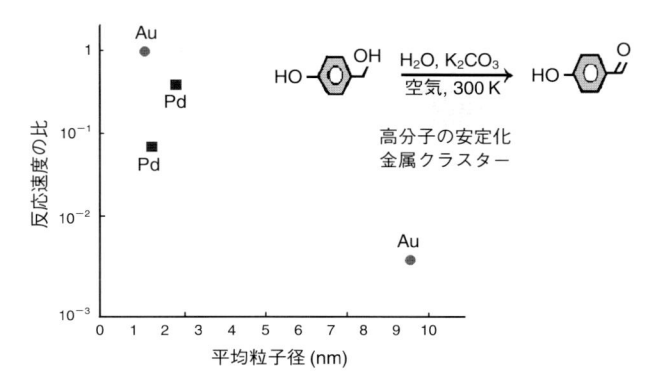

図 10 高分子で安定化された貴金属コロイドの酸化触媒活性（**TOF**）の粒子径依存性

X 線散乱スペクトルを測定し，それを Debye functional analysis に基づいてコンピュータ・シミュレーションで照合すると [31]，13 個の原子からなる金クラスター（直径は 0.8 nm）であるときは活性で，それより大きくなると失活することが推定された．さらに，図 11 に示すように 13 原子の金クラスターで立方八面体は不活性であるが，二十面体は高活性であり，立体構造が重要である可能性もわかってきた [32]．このように，担体自身がほとんど触媒活性をもたないときでも，金がナノ粒子より小さく，クラスターの寸法になり，原子数と立体構造を制御することにより特異な触媒が生まれる．

最近，20 原子からなる正四面体構造の金クラスターが HOMO と LUMO で 1.76 eV もの大きなエネルギーギャップ（フラーレンよりも大きい）を有し，非常に安定性が高いこと [32]，および 55 原子からなる金クラスターは原子状酸素によっても酸化されず，バルクよりもさらに化学的安定性が高いこと [32] が，各々 PES（photoelectron spectroscopy）および XPS 測定から明らかにされた．このくらいの原子数のクラスターであれば，表面科学と計算科学とを融合した新しいアプローチが有効であり，今後の研究の進展が期待される．たとえば，金クラスターの化学反応性に関する密度汎関数法や分子軌道法計算から，電荷も重要な役割を果たしており，負に帯電したクラスターが高活性になることが報告されている [35]．

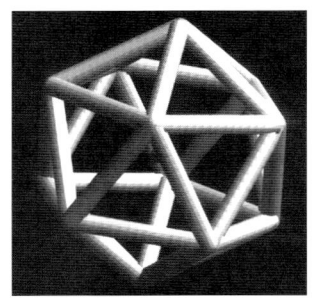

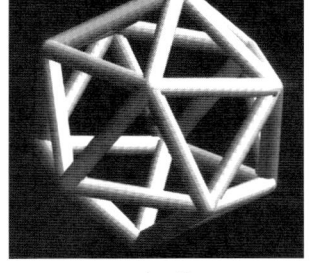

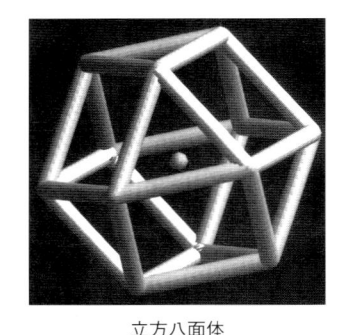

	二十面体	立方八面体
$N_{20} : N_8$	58 : 42	7 : 93
CO 酸化反応率 (200 K)	100%	4~6%

図 11　13 原子金クラスターの立体構造と CO 酸化触媒活性

● おわりに

　ナノ構造に由来する特異な触媒特性は，金について際立った例が見いだされているが，その原理から言って当然ほかの金属でも発現するはずである．ただし，Pd や Pt ではそれ自身の表面がすぐれた触媒特性を有しているので，相対的に効果がはっきりする例が少なかっただけと考えられる．たとえば，メタノールの低温分解，低温合成では，共同沈殿法か析出沈殿法で作られた Pd/CeO_2 が高活性を示す [36,37]．これらの調製法では担体と金属粒子との相互作用が緊密であり，表1に示したように分類される [38]．また，クラスターへの展開についても有機金属錯体や樹枝状（デンドリマー）高分子に分散した Pd が優れた触媒能を有することが報告されている [39,40]．

　ナノテクノロジーの研究開発が活発に進められるなかで，実用性能を追究する触媒化学の手法は依然として有効であるが，仮説に基づくモデル触媒の形成およびそれを用いた構造と触媒特性との関連の解明はまさに表面科学の今日的課題である．この方向で表面科学の研究が進めば，古典的触媒化学との相互連携が緊密になり，両分野にとって相乗的発展が期待される．「もっとも古くからあるナノテクノロジー」であった触媒技術はナノレベルの構造解析，物性科学を基によみがえり，環境にやさしい化学（green sustainable chemistry）の担

表 1 共沈法で調製された低温活性な貴金属触媒の分類

分類	例	金属担持量	反応(雰囲気)	作用機構
担体の活性化	Pd, Pt, Au on CeO_2, ZrO_2	小	CO 酸化 NO 還元 (還元)	担体酸化物の部分還元の促進
酸化物活性相の支援	Pd/Fe_2O_3 $Pd/Bi-Mo-O_x$	中	CO 酸化 酸化脱水素 (酸化)	金属粒子による活性酸素の供給
活性な接合界面	Pd/Fe_2O_3 Pd, Pt/SnO_2 Au/TiO_2, Co_3O_4	大	CO 酸化 (還元)	接合界面での -OOH の生成

い手となるであろう．

文献

[1] 山本伸司：触媒, **45**, 230 (2003)
[2] 松本伸一：触媒, **38**, 210 (1997)
[3] 上西真里他：触媒, **45**, 282 (2003)
[4] Bond, G. C. et al.: Catal. Rev.-Sci. Eng., **41**, 319 (1999)
[5] Haruta, M. et al.: Appl. Catal. A: General, **222**, 427 (2001)
[6] Haruta, M.: Chem. Record, **3**, 75 (2003)
[7] 春田正毅他：触媒調製の進歩（小野嘉夫 編），pp.39-45，触媒調製化学振興会 (2000)
[8] 春田正毅：金属, **73**, 1037 (2003)
[9] Haruta, M. et al.: J. Catal., **144**, 175 (1993)
[10] Okumura, M. et al.: J. Mol. Catal. A-Chem., **199**, 73 (2003)
[11] Yuan, Y. et al.: J. Catal., **170**, 191 (1997)
[12] Wallace, W. T. et al.: J. Phys. Chem. B, **104**, 10964 (2000)
[13] Prati, L. et al.: Green Chemistry: Challenging Perspectives (eds. Tundo, P. et al.), p.183, Oxford (2000)
[14] 上田 厚他：資源環境対策, **28**, 1035 (1992)

[15] Haruta, M. *et al.*: *J. Catal.*, **115**, 301 (1989)
[16] Akita, T. *et al.*: *J. Electron Spectroscopy*, **49**, 657 (2000)
[17] Akita, T. *et al.*: *Surf. Interface Anal.*, **31**, 73 (2001)
[18] Akita, T. *et al.*: *J. Catal.*, **212**, 119 (2002)
[19] Date, M. *et al.*: *Angewandte Chem. Intern. Ed.*, **43**, 2129 (2004)
[20] Cunningham, D. A. H *et al.*: *Catal. Lett.*, **25**,257 (1994)
[21] Haruta, M. *et al.*: Catal. Electrocatal. at Nanoparticle Surfaces (eds. Wieckowski, A. *et al.*), p.645, Marcel Dekker (2003)
[22] Boccuzzi, F. *et al.*: *J. Catal.*, **202**, 256 (2001)
[23] Oyama, S. T. *et al.*：触媒，**46,** 13 (2004)
[24] Hayashi, T. *et al.*: *J. Catal.*, **178**, 566 (1998)
[25] Lange de Oliveira *et al.*: *Catal. Lett.*, **73**, 157 (2001)
[26] Sinha, A. K. *et al.*: *Angewandte Chem. Intern. Ed.*, **43**, 1546 (2004)
[27] Wang, R. *et al.*: *Appl. Catal. A: General*, **261**, 7 (2004)
[28] Chowdhury, B. *et al.*: *Angewandte Chem. Intern. Ed.*, **45**, 412 (2006)
[29] Maeda, Y. *et al.*: *Appl. Surf. Sci.*, **222**, 409 (2004)
[30] Tsunoyama, H.*et al.*: *J. Am. Chem. Soc.*, **127**, 9374 (2005)
[31] Vogel, W. *et al.*: *Catal. Lett.*, **40**, 175 (1996)
[32] Cunningham, D. H. A. *et al.*: *J. Catal.*, **177**, 1 (1998)
[33] Li, J. *et al.*: *Science*, **299**, 864 (2003)
[34] Boyen, H.-G. *et al.*: *Science*, **297**, 1533 (2002)
[35] Okumura, M. *et al.*: *Chem. Phys. Lett.*, **346**, 163 (2001)
[36] Usami, Y. *et al.*: *Appl. Catal. A: General*, **171**, 123 (1998)
[37] Shen, W-J. *et al.*: *Appl. Catal. A: General*, **213**, 225 (2001)
[38] Golunski, S. *et al.*: *Catal. Today*, **72**, 107 (2002)
[39] Scott, R.W. J. *et al.*: *J. Phys. Chem.B*, **109**, 692 (2005)
[40] Okamoto, K. *et al.*: *J. Am. Chem. Soc.*, **127**, 2125 (2005)

Chapter 8

ナノスケール分析
ナノ材料の分析計測

本間芳和

I. ナノ材料の分析手法の特徴

　分析は，材料を構成する原子や分子に何らかの形でエネルギーを与え，それによって生じる信号を調べることが基本である．試料に照射するものをプローブとよぶことがある．エネルギーは，音波，光（電磁波），電子，イオンを試料に照射することによって与える．それによって生じる信号も，これらのいずれかあるいは複数の組合せとなる．ナノ材料の分析に用いることのできる組合せを一覧表にして表1に示す．

　ナノ材料の分析に用いられる手法は，基本的には一般の材料の分析法と同じであるが，考慮すべきこととして，信号の発生体積が小さいことと，空間的に高い分解能が要求される場合が多いことがあげられる．第1の項目から，多くの試料体積を必要とする方法は適さない場合が多い（たとえば，中性子回折など）．また，試料を溶解したり，2次イオン質量分析法のようにイオンビームで試料を破壊してしまう方法も，全量の定量や不純物の分析を別にすれば，一般には用いられない．第2の項目は，個々のナノ構造体をピックアップして分析

表 1 ナノ・マイクロ領域の分析に用いられる元素・状態分析法

検出 入射	光子	電子	原子・イオン
光子	ラマン散乱分光 (RSS) 赤外分光 IR (FTIR) 全反射蛍光 X 線分析 (TXRF)	光電子分光 (PES) X 線光電子分光 (XPS)	レーザイオン化質量分析 (LIMS)
電子	電子プローブ微小部分析 (EPMA) カソードルミネッセンス (CL)	オージェ電子分光 (AES) 電子エネルギー損失分光 (EELS)	
原子・ イオン	粒子線励起 X 線放出 (PIXE)		2 次イオン質量分析 (SIMS) 中性粒子質量分析 (SNMS) ラザフォード後方散乱 (RBS) イオン散乱分光 (ISS, MEIS)
その他 (電界, 熱)			アトムプローブ (電界) 昇温脱離 TPD (TDS)(熱)

RSS: Raman scattering spectroscopy
FTIR: Fourier-transform infrared spectroscopy
TXRF: total reflection X-ray fluorescence
PES: photoemission spectroscopy
XPS: X-ray photoelectron spectrometry
LIMS: laser induced ion mass spectrometry
EPMA: electron probe microanalysis (microanalyzer)
CL: cathode luminescence
AES: Auger electron spectroscopy

EELS: electron energy loss spectroscopy
PIXE: particle induced X-ray emission
SIMS: secondary ion mass spectrometry
SNMS: sputtered neutral mass spectrometry
RBS: Rutherford backscattering spectroscopy
ISS: ion scattering spectroscopy
MEIS: medium energy ion scattering
TDS: temperature desorption spectroscopy
TPD: temperature programmed desorption

する場合で，電子顕微鏡や走査プローブ顕微鏡など，分解能の高い観察法と組み合わせることが必要になる．

II. 化学分析計測法の基礎

　材料の化学情報，すなわち構成原子の種類や原子どうしの化学結合の種類を知るには，試料にプローブをあてる．具体的には，光子や電子を照射したり，細い探針を表面に近づける．光子や電子を例に，試料にこれらを照射したとき何がおこるかを考えてみよう．照射する光子のエネルギー $h\nu$ が十分に大きければ，試料中の電子を試料の外に放出させることができる（図 1a）．放出される前の電子が試料を構成する原子の内殻に束縛された内殻電子であった場合，その束縛エネルギー E_B は元素に固有の値をもつ．このとき，試料外に放出された電子の運動エネルギーは

$$E_k = h\nu - E_B - \phi \tag{1}$$

で与えられる。ここで，ϕ は試料中の電子が真空中に飛び出すために越えなければならない障壁（仕事関数）で，材料によって異なり数 eV の値である．式(1)の関係より，電子の運動エネルギーをエネルギー分析器を用いて調べれば，もとの電子の束縛エネルギーがわかり，その元素を同定することができる．内殻電子の束縛エネルギーは数十〜数百 eV なので，プローブに X 線の波長領域の光子を用いる必要がある．代表的な方法は X 線光電子分光法（XPS）である [1]．内殻電子の試料外への放出は，X 線による励起に限らず，電子線やイオンの照射によってエネルギーを与えた場合にもひきおこされる．

　ところで，図 1(b) のように原子の内殻準位に空席が生じた場合，それよりもエネルギーの高い準位にある電子が空席を埋めるように遷移する．このとき，2つの準位間の差に相当するエネルギーをもった光子が放出される．遷移エネルギーは元素に固有であるので（特性 X 線），放出された光子の波長あるいはエネルギーを分析することにより，元素を同定することができる．代表的な手法は電子プローブ X 線マイクロ分析法（EPMA）である [2]．電子顕微鏡にエネルギー分散型のエネルギー分析器（EDS）を組み合わせたものが，ナノ材料

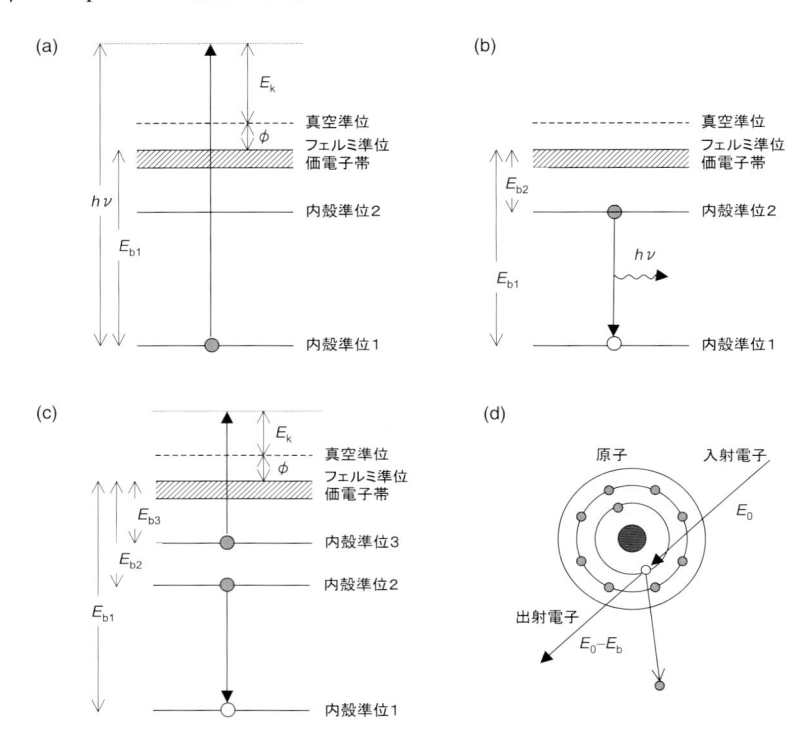

図 1 原子と電磁波・電子との相互作用で生じる励起過程
(a) 光電子放出，(b) 特性 X 線放出，(c) オージェ電子放出，(d) 電子エネルギー損失．

の分析に盛んに用いられている．

　内殻準位の空席を埋めるとき，余分なエネルギーを放出する過程は光子の放出だけではない．オージェ過程とよばれる一見複雑なエネルギーの放出の仕方も，原子番号の小さい元素を中心に頻繁に生じる．これは図1(c) に示すように，高いエネルギーの電子や光子の照射により内殻準位（E_1）に生じた空席をそれより上の準位（E_2）の電子が埋め，両準位のエネルギー差が他の内殻電子（E_3）に与えられて，その電子がオージェ電子として試料外に放出される．オージェ電子の運動エネルギーは近似的に

$$E_{\mathrm{k}} = E_1 - E_2 - E_3 - \phi \tag{2}$$

となり，プローブのエネルギーに無関係に元素固有の値をとるので，元素の同定が可能である．この分析法はオージェ電子分光法（AES）とよばれる [3]．

一方，プローブの電子線に着目すると，内殻電子の励起をひきおこしたものは，その分のエネルギーを失っている．したがって，プローブの電子線のエネルギーを分析すれば，どのような元素を励起したかを知ることができる（図1d）．この原理を用いたものが電子エネルギー損失分光法（EELS）である [4]．EELSも電子顕微鏡に組み込めるので，ナノ材料の分析に有用である．

いずれの場合も内殻準位のエネルギーから元素の同定を行うのであるが，外殻の電子がほかの原子の外殻電子との結合を作ることにより，内殻準位といえども束縛エネルギーにわずかながら変化が生じる（化学シフト）．化学シフトを用いることにより，結合状態あるいは化合物の種類をある程度知ることが可能である．化学シフトは図1のいずれの場合にも現れるが，とくにXPSに関して多くのデータが蓄積されている [1]．

以上では，内殻準位を励起する比較的高いエネルギーのプローブを用いたものを紹介したが，プローブのエネルギーを下げると，価電子帯の電子の励起や分子振動，格子振動の励起を行うことができる．これらに物質に特徴的なものがあれば，それを用いて物質の同定が行える．これには，赤外分光法やラマン分光法がある [5]．

電子や光以外の代表的なプローブはイオンである．イオンビームを用いる元素分析法には，試料から散乱された入射イオンのエネルギーが散乱に寄与した元素の質量に依存して変化することを利用するものと，試料の構成元素を直接試料表面からはじき出して質量分析するものがある．前者にはラザフォード後方散乱法（RBS）に代表されるイオン散乱法 [6]，後者には2次イオン質量分析法（SIMS）[7] がある．SIMSでは，イオンの照射量が表面原子数に比較して少なく，表面の破壊の程度が小さい場合をスタティックSIMS，イオンの照射量が表面原子数を上回り，表面の侵食（スパッタリング）が生じる場合をダイナミックSIMSという．スタティックSIMSでは，有機分子の構造をある程度保ったままで検出することもできる．

III. 微小部の元素分析

ナノ材料1つひとつを直接元素分析する必要がある場合には，走査電子顕微鏡（SEM）[8] や透過電子顕微鏡（TEM）[9] と信号の発生源を限定できる元素分析法を組み合わせるのがよい．よく用いられるのが EDS あるいは EELS との組合せである．EDS には固体検出器（SSD）がコンパクトであるので，SEM や TEM に取り付けることが比較的容易である．しかし，エネルギー分解能が高くないため，特性 X 線のエネルギーが近い複数の元素が存在する場合には，元素の区別がむずかしい．一方、波長分散の X 線分析器（WDS）は分解能は高いが，回折結晶を回転する必要があるため分光器が大型になる．一般的には，WDS には X 線マイクロアナライザとよばれる専用装置が用いられる．最近，特性 X 線のエネルギー分析器として，従来の Si:Li 固体検出器に代えて，超伝導-常伝導の転移端において電気抵抗が大きく変化することを利用して，X 線のエネルギーを熱量測定から決定する超伝導転移端センサー（TES）が使われはじめている [10]．この場合には，数 eV という高いエネルギー分解能が期待できる．TES を用いて得たスペクトルを従来の SSD の場合と比較して，図 2 に示す [11]．これは，カドミウム蓄積植物として知られるハクサンハタザオの葉の表面に生えている毛状突起のカドミウム蓄積部位に，SEM 中で 10 keV の電子線を照射して観察した X 線スペクトルで，SSD では植物中に多く含まれるカリウムの K 線の裾が重なるため検出が困難な微量なカドミウムの L 線がはっきりと検出されている．

特性 X 線の生成効率は原子番号の大きな元素ほど大きくなる．Na より原子番号の小さい元素に対しては，AES や EELS のほうが有利になる．もちろん，EELS は特性 X 線放出と逆過程なので，原子番号の大きな元素に対しても有用である．EELS の場合は，プローブ電子を直接エネルギー分析器に入れるので，試料からの透過電子を用いる TEM に適した手法である．AES では，オージェ電子の脱出深さが浅いので，真空中の炭化水素分子が電子線照射により試料に汚染として付着する通常の電子顕微鏡の真空度（10^{-5} Pa 台以上の圧力）では，十分な信号強度を得られないので，超高真空の AES 専用装置の中で分析する

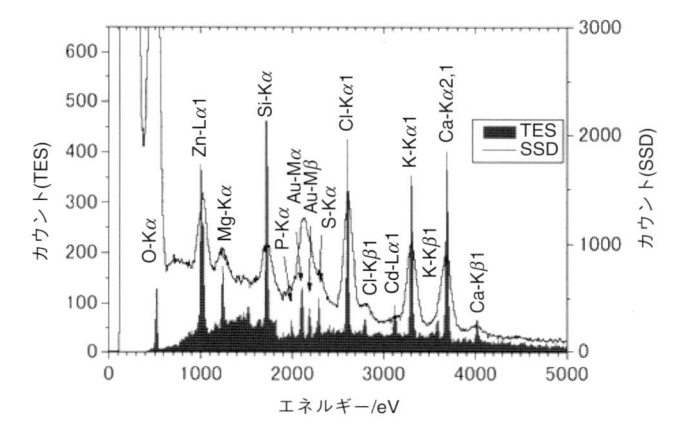

図 2 植物中のカドミウムの EDS 分析における TES 検出器と SSD 検出器の比較

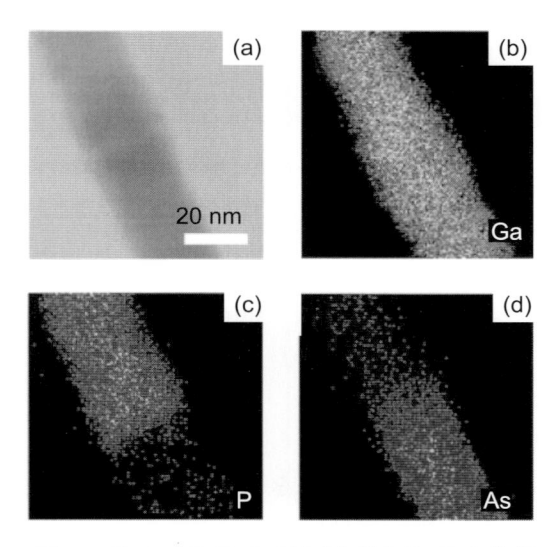

図 3 GaAs/GaP ナノワイヤ接合の EDS 分析
(a) TEM 像, (b) Ga 像, (c) P 像, (d) As 像.［文献 12 より許可を得て転載］

ことが必要になる.

図 3 に EDS による GaAs/GaP ナノワイヤ接合の分析例を示す [12]. これはレーザ蒸発を用いた化学気相成長（CVD）法において，金粒子を触媒とした気相・液相・固相（VLS）反応により直径約 20 nm のナノワイヤを成長させたも

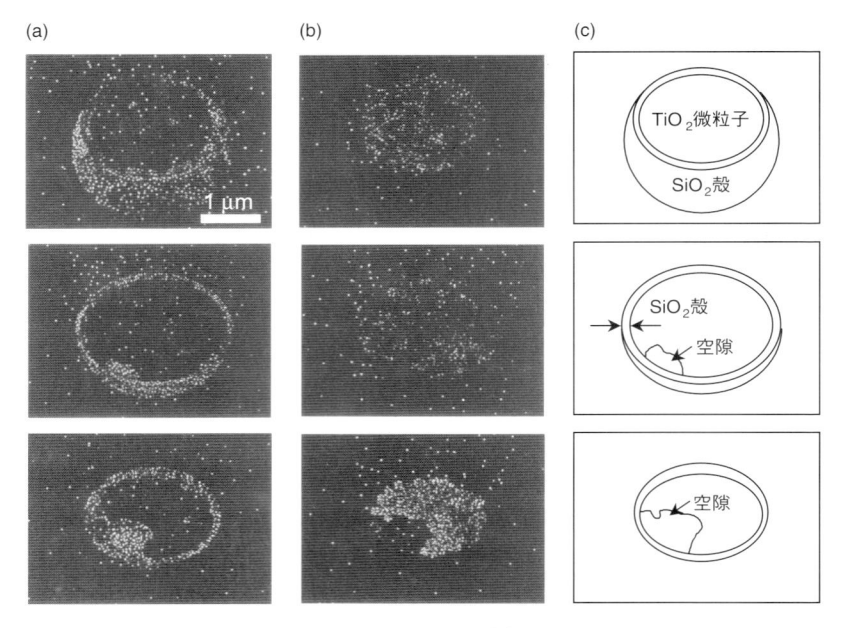

図4 SIMS による微粒子内部構造の分析
(a) $^{28}Si^+$ 像，(b) $^{48}Ti^+$ 像，(c) 断面の模式図.

のである．レーザ蒸発の原料に固体 GaAs を用いて GaAs ナノワイヤを成長させ，途中で原料を GaP に替えることにより GaP ナノワイヤの成長に切り替えている．EDX の元素マッピングからわかるように，ナノワイヤの組成が途中で As から P に急峻に変化している．

イオンビームは試料をスパッタしてしまうが，これを利用することにより，微粒子の3次元 SIMS 分析を行った例を図4に示す [13]．試料は TiO_2 微粒子を SiO_2 薄膜で包んだもので，直径は $3\,\mu m$ 程度である．Ga^+ 収束イオンビームを用いて粒子を端から削り，粒子直径に対して 3/4, 2/4, 1/4 の位置で，イオンビームの電流値を下げてビーム径を $80\,nm$ に絞り，切削面の元素マッピングを行ったものである．切削と元素マッピングでは，試料の傾きを変化させてイオンビームの入射角を変えている．Si^+ 像と Ti^+ 像が相補的になっており，TiO_2 微粒子が SiO_2 薄膜に内包されていること，粒子下部に TiO_2 が充填されていない空隙があることがわかる．

IV. 微小部の化学結合解析

　化学結合の同定には化学シフトを利用する．スペクトル中のピークのわずかなシフトを捉える必要があるため，S/N 比の高い信号を得ることが前提となる．XPS では，通常の X 線源の場合で実用的な最小プローブ径は $10\,\mu\text{m}$，高輝度放射光を用いた場合で $0.1\,\mu\text{m}$ 程度であるので，個々のナノ材料を測定するのではなく，多数の材料の平均的値を調べることになる．もっとも，厚み方向だけがナノスケールである薄膜のナノ材料では，面積が十分に取れるという場合もある．2 次元的に小さい個々のナノ材料の化学結合状態を 1 つひとつ調べる手法としては，EDS（WDS），EELS，AES で化学シフトを計測することが考えられる．これらにおいては，化学シフトと結合状態が完全に対応づけられるに至っていないので，スペクトルを標準物質と比べて結合状態を論じることが必要である．

　図 5 に，EELS による微小部の状態分析の例を示す [14]．これは，ガドリニウムを内包したフラーレン（$Gd@C_{82}$）を，単層カーボンナノチューブ内に一次元格子状に挿入した，いわゆるピーポッド（さやえんどう）を高分解能 TEM 中で分析したもので，炭素の K 吸収端（$1s$ 軌道）とガドリニウムの M 吸収端（$3d$ 軌道）の EELS スペクトルを示してある．炭素の K 吸収端では，単層カーボンナノチューブとフラーレンの両方に起因する π^* ピークと σ^* ピークが見られる．また，ガドリニウムの N 吸収端（$4d$ 軌道）に相当するピークも現れている．ガドリニウムのようなランタノイドの M 吸収端の位置は，その原子の価数を反映することが知られており [15]，この場合の $Gd\text{-}M_5$（1184 eV），$Gd\text{-}M_4$（1214 eV）は 3 価，すなわち Gd^{3+} であることを示している．このように，フラーレンの中に 1 個存在するガドリニウム原子の価数が決定された．

　以上の X 線，電子，イオンをプローブとした方法のほかに，レーザ光をプローブとする状態分析法がある．ナノ材料の分析によく用いられるものには，フーリエ変換型赤外吸収法（FTIR）とラマン分光がある．とくに，ラマン分光はカーボンナノチューブの電子状態と共鳴する波長の光を用いると，信号強度が通常の 10^6 倍にも増強されるので，単一のカーボンナノチューブからスペ

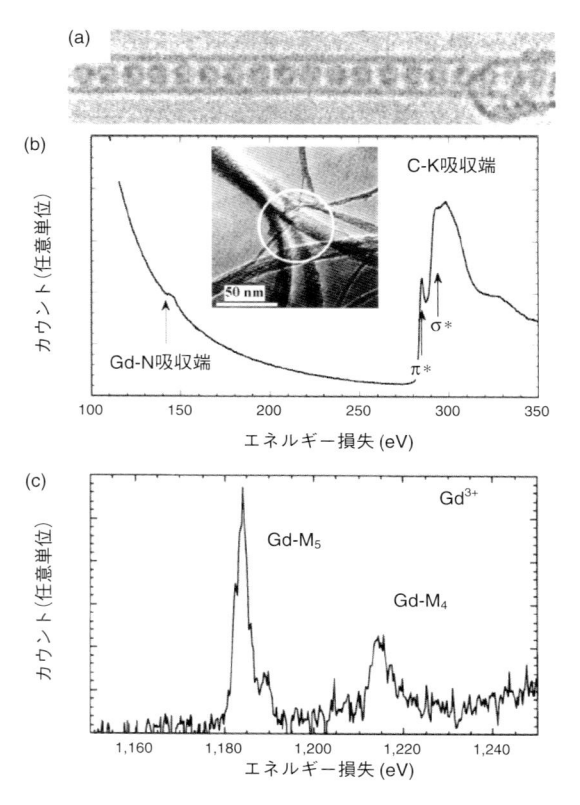

図5 EELS によるカーボンナノチューブ中のガドリニウム内包フラーレン($Gd@C_{82}$)の分析
(a) 単層カーボンナノチューブ中の $Gd@C_{82}$ の TEM 像,(b) C-K 吸収端と Gd-N 吸収端のスペクトル,(c) Gd-M 吸収端のスペクトル.[文献 14 より許可を得て転載]

クトルを得ることが可能である [16].結合状態そのものとは異なるが,カーボンナノチューブの直径や欠陥の度合い,グラフェンシートの巻き方であるキラリティの決定も行うことができる.図 6 は,1 本の単層カーボンナノチューブのラマン散乱スペクトルである.この単層カーボンナノチューブは図の SEM 写真に示すように,微細な SiO_2 の柱の間に電柱の電線のように橋渡しして形成されたものである.単層カーボンナノチューブが基板の表面に接触せずに存在している場合には,基板上にあるものに比較し,さらにラマン散乱強度が増

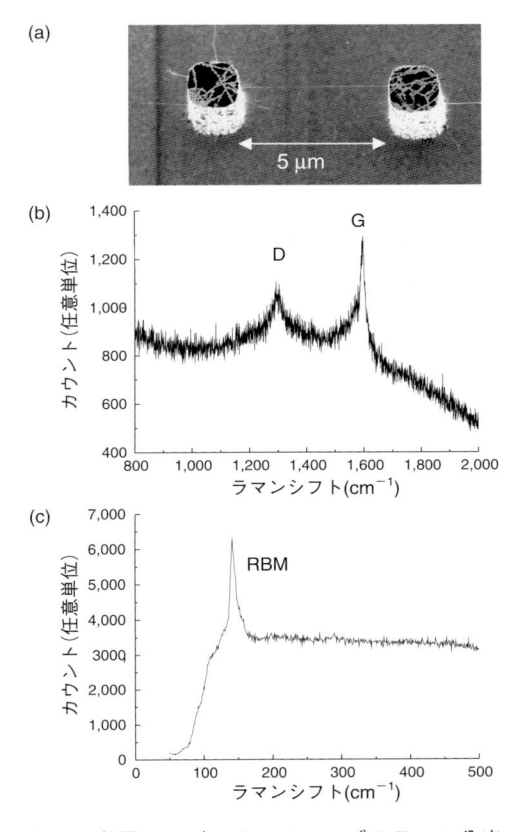

図 6 単層カーボンナノチューブのラマン分光

(a) 架橋単層カーボンナノチューブの SEM 像, (b) 高波数領域のラマンスペクトル, (c) 低波数領域のラマンスペクトル.

加する [17]．このため，1本の単層カーボンナノチューブを測定することも容易である．スペクトル中のピーク G はグラファイトシート内の炭素原子の面内振動に起因する散乱，D はグラファイトシートの欠陥に起因するもの，RBM はチューブの直径の伸縮に起因するものである．G と D の強度比はカーボンナノチューブの品質の指標として用いられる．また，RBM のピーク波数 $\omega\,(\mathrm{cm}^{-1})$ とチューブの直径 $d\,(\mathrm{nm})$ との間には，$d = 248/\omega$ の関係があるので，チューブの直径を見積もることができる [18]．

V. 表面の微量分析

　ナノ材料はシリコン基板のような平坦な基板表面に分散して保持されることも多く，その分析に表面の微量分析技術を適用することができる．この場合には，個々のナノ材料の分析ではなく，プローブの径の中にあるすべてのナノ材料を一括して分析することになる．代表的な表面の微量分析技術は全反射蛍光X線分析法（TXRF）である [19]．この方法はシリコンウェハ表面の微量金属汚染の分析に開発されたもので，X線を表面すれすれに入射し，その全反射を利用することにより，表面にある元素を高感度に分析できる．表面の原子密度は $10^{15}\,\mathrm{atoms/cm^2}$ であるのに対し，TXRF は感度が高い元素では $10^8\,\mathrm{atoms/cm^2}$（千万分の 1）までの微少量の検出が可能である．

VI. 分析領域の大きさと検出感度

　以上で説明した分析法について，分析領域の大きさと検出感度との関係を図7に示す．これらは代表的な値であり，元素により感度に違いがあることに注

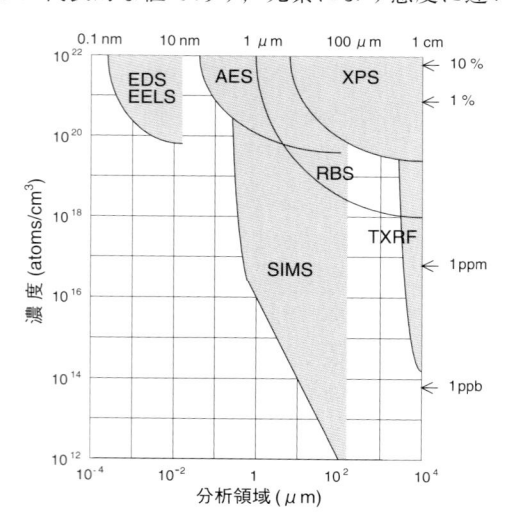

図 7　分析領域の大きさと検出感度との関係

意されたい．また，カーボンナノチューブの共鳴ラマン散乱のように，特別な構造に対して特異的に感度が高まることもあれば，高感度であっても，バックグラウンドの影響により微量元素が検出できない場合もある．後者の例として，図 3 において GaAs 中に P が含まれるかどうかを知りたいとしても，GaAs 中で散乱された電子によって隣の GaP 中の P を励起した X 線がバックグラウンドとなることがあげられる．

文献

[1] 日本表面科学会 編：X 線光電子分光法（表面分析技術選書），丸善 (1988)
[2] 日本表面科学会 編：電子プローブ・マイクロアナライザー（表面分析技術選書），丸善 (1998)
[3] 日本表面科学会 編：オージェ電子分光法（表面分析技術選書），丸善 (2001)
[4] 日本表面科学会 編：透過型電子顕微鏡（表面分析技術選書），p. 168，丸善 (1999)
[5] Larkin, P. J.: IR and Raman Spectroscopy, Jones & Bartlett (2007)
[6] Rabalais, J. W.: Principles and Applications of Ion Scattering Spectrometry, Wiley (2002)
[7] 日本表面科学会 編：二次イオン質量分析法（表面分析技術選書），丸善 (1999)
[8] 日本表面科学会 編：ナノテクノロジーのための走査電子顕微鏡（表面分析技術選書），丸善 (2004)
[9] 日本表面科学会 編：透過型電子顕微鏡（表面分析技術選書），丸善 (1999)
[10] Wollman, D. A. et al.: *J. Microscopy*, **188**, 196 (1997)
[11] 中井 泉 他：第 42 回 X 線分析討論会講演要旨集，p.29 (2006)
[12] Gudiksen, M. S. et al.: *Nature*, **415**, 617 (2002)
[13] Tomiyasu, B. et al.: *Nucl. Instrum. Meth. Phys. Res. B*, **136-138**, 1028 (1998)
[14] Hirahara, K. et al.: *Phys. Rev. Lett.*, **85**, 5384 (2000)
[15] Thole, B. T. et al.:*Phys. Rev. B*, **32**, 5107 (1985)
[16] Rao, A. M. et al.: *Science*, **275**, 187 (1997)
[17] Kobayashi, Y. et al.: *Chem. Phys. Lett.*, **386**, 153 (2004)
[18] Jorio, A. et al.: *Phys. Rev. Lett.*, **86**, 1118 (2001)
[19] Klockenkamper, R.: Total-Reflection X-Ray Fluorescence Analysis, Wiley (1996)

Chapter 9

ナノスケール分析
単一分子の分析計測

川合真紀

●はじめに

　金属表面に吸着した分子の反応は，触媒反応や電気化学の詳細を知ることを目的として研究されてきた．反応のメカニズムを知る上で，固体表面に吸着した分子を電子状態や振動状態を明らかにする目的でさまざまな分光法が開発され，近年では表面1分子層以下の密度で覆うサブモノレイヤー（サブML）の状態も知ることができるようになった．光電子分光法，X線分光法，ヘリウム原子散乱法，赤外分光法などは，そのエネルギー分解能の向上，顕微測定の進歩もあいまって，数マイクロメートル四方の領域内の平均場としての表面分光はほぼ確立されたかのように思えるほどである．一方，ナノテクノロジー・サイエンスの進歩に伴い，ナノメートルスケールの構造物や，個々の分子を機能発現の単位として利用することが可能となり，限られた空間を対象とした分析手法の進展が急務であった．

　金属の針先で物質の表面をなぞるだけで，原子の並びを見ることのできる顕微鏡，走査型トンネル顕微鏡（scanning tunneling microscope；STM）の発明は，その後の科学の進歩に絶大な影響を与えた．STMは，原子レベルの空間分解能で電子の密度分布をイメージングするだけでなく，探針と試料間に印加

するバイアス電位に対するトンネル効率が試料の状態密度（電子状態）に依存することから，電子状態を測定する装置としても利用できる．走査型トンネル分光法（scanning tunneling spectroscopy；STS）は金属表面に吸着した分子の電子状態を知る有力な手法のひとつである．とくにそのすぐれた空間分解能から，分子内の電子状態に対する情報をも取得できるポテンシャルを有している．

探針から固体表面の分子に対して，トンネル電子を注入する（または電子を引き出す）と，トンネル電子のエネルギーが変化する非弾性トンネル過程を介して，表面に吸着した分子や原子を励起状態に誘起することができる．この特性を利用して，1つの原子や分子を標的にして，局所的に化学反応を起こすことができる．また，探針を吸着分子や原子に極限まで近づけることにより，探針との間にはたらく力を用いて，原子や分子を表面上で移動させたり，探針と表面間を行き来させることもできる．また，最近では，非弾性トンネル過程によって，金属表面に吸着した1つの分子の振動スペクトルをも測定できるようになった [1]．原子レベルの空間分解能をもつSTMを使って振動状態を選択的に励起できることは，ナノメートルスケールで化学反応を制御する究極の手法となりうることを意味している．

本章では，金属表面に吸着した分子とSTM探針との間での電子の授受を通して個々の分子の化学反応を誘起した研究を紹介する．また，非弾性トンネル過程で励起される振動モードが，どのようにして化学反応を誘起できるのか，そのメカニズムについても紹介する．最後に，STM探針と試料間の伝導度測定から個々の分子の振動スペクトルを取得することの限界について述べ，新たな振動スペクトル取得手法として分子の運動をプローブとした分光法を紹介する．なお，単分子の化学に関するすぐれたレビューも参照されたい [2-4]．

I. 単分子の化学反応

金属表面に吸着した分子を対象として，STMを利用した単分子反応について紹介する．STM探針からの電子により分子が分解できることが初めて報告 [5] されて以来，分子反応を誘起する研究が盛んに行われ，Pt(111) 表面での O_2 の解離 [6,7]，Ni(110) 表面でのエチレンの脱水素化 [8]，Cu(001) 表面でのア

セチレンの分解 [9] など，Ho グループを中心に小分子の分解反応が精力的に研究された [2]．

1. 電子状態の励起を伴う分子の反応

Hla らは，電子励起反応と分子マニピュレーションを組み合わせて，ウルマン (Ullman) 反応を段階的に実現した．ウルマン反応とは，銅を触媒として 2 つのヨードベンゼン分子からビフェニル分子を形成する反応で，この反応を Cu(111) 表面に吸着させた 2 つのヨードベンゼン分子から 1 つのビフェニル分子を形成することに成功した [10]．Cu(111) 基板は超高真空中に 20 K に冷やされた状態であり，熱反応はまったくおこらない温度におかれている．表面に吸着したヨードベンゼン分子に，STM 探針から 1.5 V のバイアス電圧を印加して電流パルスを与えると，分子はヨウ素とフェニル基に分解する．次に STM 探針をフェニル基に近づけ，分子を探針で引き寄せて，2 つ目のフェニル基近くまで移動させる．最後に近づいた 2 つのフェニル基の中心で 500 mV で電流パルスを加えると，2 つのフェニル基が会合してビフェニル分子が形成した．図 1 はその全工程を示したもので，(a) Cu(111) のステップ端に吸着した 2 つのヨードベンゼン分子のうちの 1 つに電流パルスを加えると，(b) 1 つの分子が解離した．(c) さらに 2 つ目も解離させ，(d) 1 つのヨウ素原子を STM 探針を使って表面から除去する．(e) 残ったフェニル基を近づけて，(f) 隣接サイトまで移動．最後に電流パルスを加えると，フェニル基間に共有結合が形成する．

この工程には 3 つの分子マニピュレーション素過程が含まれている．最初の解離過程は，探針と分子間のトンネル電流に対して 1 次の過程で，これは 1 電子過程により吸着したヨードベンゼン分子が解離したことの証拠である．電子状態の励起が引き金となって分子が解離したことを示している．C-I 結合は C-H 結合や C-C 結合に比べ弱い結合なので，1.5 V で加速された電子により選択的に解離させることができた．最後の過程には，解離したフェニル基の回転が関与していると考えられている．500 mV で加速された電子が一方のフェニル基の回転を誘起して隣接のフェニル基との間に共有結合を形成するという説明がなされている．形成された分子の状態を分光学的に同定できれば，より完璧な証明となるが [11]，すべての素反応を 1 分子レベルで制御した数少ない研

I. 単分子の化学反応   177

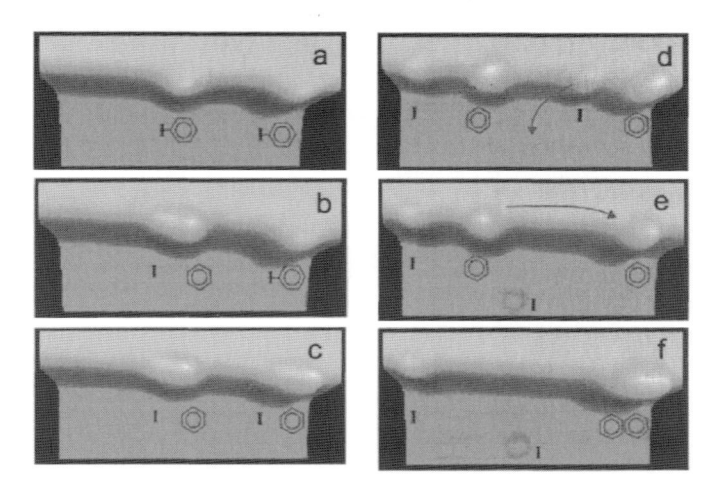

図 1　STM を用いて，Cu(111) 表面でウルマン反応の各素過程を段階的に実現
(a) Cu(111) ステップ端に 2 つのヨードベンゼン分子が吸着している様子．(b) トンネル電流により 1 つのヨードベンゼン分子が解離したところ．(c) 2 つの分子とも解離した．(d) 1 つのヨウ素原子を STM 探針で取り除く．(e) フェニル基を移動させ，(f) 隣接したサイトに配置．[文献 10 より転載]

究例である．

2. 振動状態の励起を伴う分子の反応

　STM 探針からのトンネル電子により，単一分子の振動モードが励起され，かつ，分子内振動を多段励起することができると，分解などの化学反応が誘起される．分子内振動の多段励起により化学反応が進行する現象は，気体分子に対して赤外レーザーを照射し，振動エネルギーが同位体によって異なることを利用して，シリコン，炭素，ウランなどの同位体分離にも応用されている．STM 探針から分子に与える電子の密度は電流を増すことで制御できるので，高強度のレーザーで誘起する反応を，空間を制限して個々の分子に適応できることが期待される．

　ここでは，Pd(110) 表面でブテン（C_2H_8）分子を脱水素化し，ブタジエン分子に変換した例を紹介する [12]．Pd 表面に吸着すると，トランス-2-ブテンはダンベル型，ブタジエンは楕円型として観測される（図 2 左上）．矢印が指し

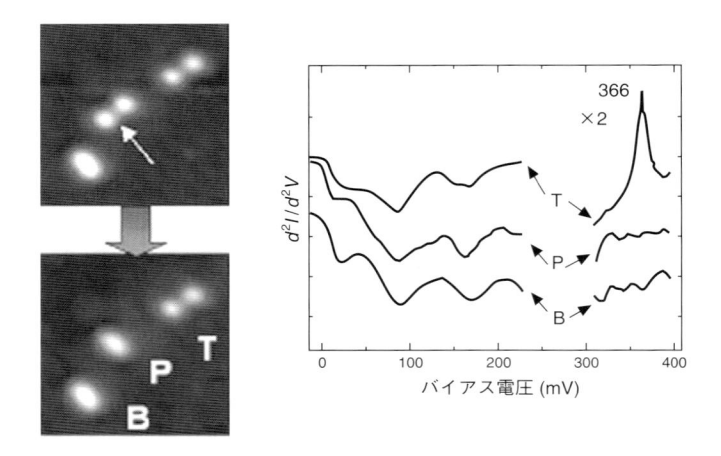

図 2　Pd(110) 表面に吸着したトランス-2-ブテン分子の脱水素化反応

図中 T, B, P はそれぞれトランス-2-ブテン, ブタジエンおよび反応生成物を指す. 左図は反応前後での STM イメージ, 右図は STM 非弾性トンネル分光の変化. 反応前のスペクトルから, 反応後はブタジエンのスペクトルに変化している. 単一分子の振動分光により, 反応生成物が同定できる. [文献 12 より転載]

ているブテン分子に STM 探針から電子を注入すると, 左下のように, ダンベル型から楕円型に変換される. この反応は探針と試料間にかけるバイアス電圧に依存し, 図 3 に示すように, C_2H_8 では 360 mV 付近に閾値があるのに対し, C_2D_8 では 270 mV 付近にシフトしている. これは各々 C-H, C-D 伸縮振動のエネルギーに対応しており, この反応が C-H 伸縮振動の励起をきっかけに進行することがわかる. もう一点興味深いことは, ブテンの脱水素反応の速度は電流値に対して非線形であり, 反応はブテンの C-H 伸縮振動が多重励起された状態を経由することが示された. この反応は図 4 のポテンシャルで説明できる. すなわち, C-H 結合を解離するためのエネルギー障壁を越えるには, C-H 伸縮振動の振動準位を一段励起するだけでは足りず, 少なくとも 2 段の励起が, D化したブテンの場合は 3 段の励起が必要である. 同位体によって異なる値となるのは, C-D 伸縮振動のエネルギーが C-H に比べて小さいのに対し, 解離エネルギーの閾値は同位体によらないからである. 分子の振動モードは過去から数多くのデータベースが構築され, そのふるまいもよく理解されている. また電子状態の励起に比べて, 分子内の特定の官能基あるいは特定の振動モードのみ

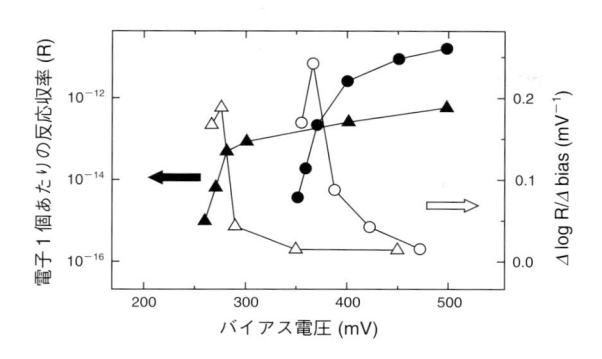

図 3　トランス-2-ブテンの脱水素反応の電圧依存性

反応の閾値は振動モードのエネルギーに対応していることが，同位体を用いた実験からも明瞭に示され，吸着分子の C-H 伸縮振動の励起が反応の引き金となっていることがわかる．○●：C_2H_8，△▲：C_2D_8，白抜き（○，△）は 1 電子あたりの反応確率，黒（●，▲）は電圧での微分値を表す．微分スペクトルのピーク値は，エネルギー閾値に相当する．[文献 12 より転載]

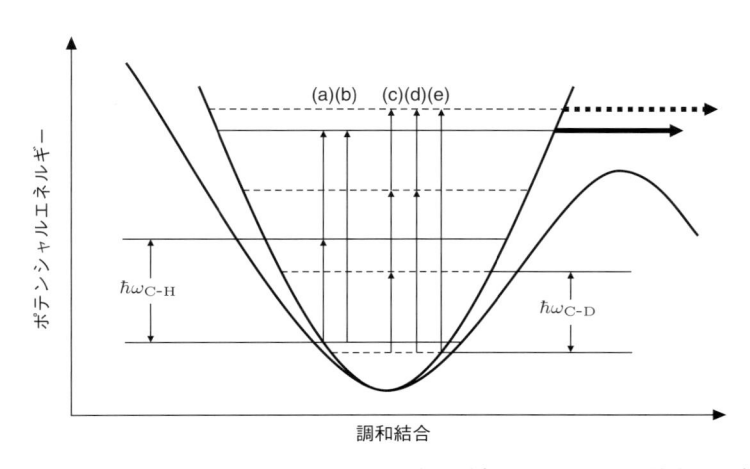

図 4　トランス-2-ブテンの C-H 伸縮振動は多段励起を受け，C-H 結合が解離する

破線は重水素置換した分子の場合．軽水素からなる分子の場合には，C-H 伸縮振動を 2 段励起すると活性化障壁をこえる．一方，重水素からなる分子では，C-D 伸縮振動を 3 段励起しないと障壁をこえられない．図中 (a)〜(e) には電子のエネルギー（電圧で調整）により振動励起の次数にいくつかのケースがあることを示した．[文献 12 より転載]

を励起するという選択性に優れており，たとえば大きな分子の局所的な部位を振動励起し分子の切断や化学修飾を行うという，ナノテクノロジーのツールとして期待される．

上述のトランス-2-ブテンの脱水素反応は，励起された振動モード（C-H 伸縮振動）と反応（C-H 解離）の座標を同一のものとして扱えるケースであったが，Pd(110) 表面の一酸化炭素（CO）分子が跳び歩くホッピングでは，表面に垂直方向の変位にあたる CO 伸縮振動の励起が，表面平行方向への CO 分子のホッピングを誘起する [13]．CO 分子が隣接吸着サイトへホッピングするには，基板金属と分子の間の振動モード，とくに束縛並進モードや束縛回転モードが励起されて，ホッピング障壁の値をこえることが必要である．これら基準振動間でエネルギーの受け渡しが可能となるには，振動モード間の非調和結合が効くことがわかった．実際，Pd(110) 表面の CO 分子では，CO 伸縮振動と束縛並進モード間の非調和結合が有効に働き，分子が表面平行方向に移動するのに対し，この結合が小さい Cu(110) 表面では CO 分子の移動は見られなかった．

II．単分子の振動分光

走査型トンネル顕微鏡(STM)/分光(STS)が開発されて以来，表面に吸着した単一分子の研究が精力的に行われている．STS は，原子レベルの空間分解能を有し，かつフェルミ準位近傍の状態密度を高エネルギー分解能で観測できる非常にユニークな分光法である．STM では原子そのものの実像を観察しているのではなく，表面に吸着した分子の電子状態，とくに真空側に張り出した軌道のフェルミ準位近傍における単一原子・分子の局所電子状態を観測しており，電子物性や化学反応活性に関与する軌道の空間分布を，しかも表面の特異サイトに吸着した1つの分子を選び出して観測することが可能である．しかし，単一分子の吸着状態の詳細を STM 像だけから同定するのは容易ではない．分子の吸着位置は，探針を表面に近づけたり，探針に意図的に分子を付けることにより，高分解能で基板金属の原子位置を観測することができるので，STM 像からその位置を求めることが可能であるが，分子の配向や化学結合の様子を知るには単一分子の振動分光が有力である．STM 開発当初から，非弾性トン

ネル電流の観測から振動状態の情報を得ようという,STM-非弾性トンネル分光 (inelastic electron tunneling spectroscopy; IETS) の開発が期待されていた. STM の開発数年後 (1985 年) から可能性が予言されていたにもかかわらず, 多くの実験面での困難があり, 1998 年になって初めて Stipe らが, 吸着分子の振動スペクトルを再現性よく観測することに成功した [1].

STM 非弾性トンネル分光の計測の概要を図 5 に示す. 探針と基板金属の間に電圧をかけると, 理想的な金属なら探針との間に流れる電流は吸着分子の状態密度に比例する. トンネル電子のエネルギーが保存される弾性トンネル過程

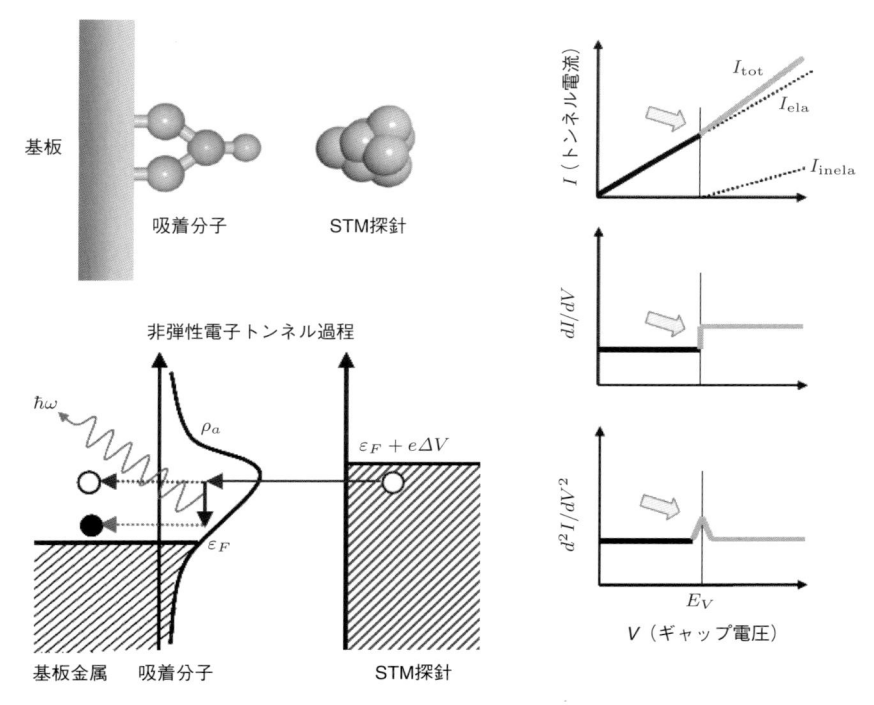

図 5 STM 非弾性トンネル分光による単一分子振動スペクトル取得の概念図
電圧印加下で観測される電流は, STM 探針と基板金属との間に挟まれた分子の状態密度に比例する. 印加電圧によって決まる電子のエネルギーが, 分子振動のエネルギーをこえると, 分子振動を励起して電子がエネルギーを失う非弾性トンネル過程がおこる. 右図には, 総電流 (I_{tot}) に対する弾性トンネル電流と非弾性トンネル電流成分の関係を示した. 電流-電圧曲線の 2 階微分をとると, 分子振動のエネルギーが求められる.

では，印加電圧に比例した電流が流れる．トンネル電子のエネルギーが，吸着分子の振動エネルギーより大きくなると，弾性トンネル過程に加えて，エネルギーの一部を失い分子振動を励起する過程がおこる．図5の右には，総電流（$I_{\rm tot}$）に対して弾性トンネル電流（elastic current；$I_{\rm ela}$）と非弾性トンネル電流（inelastic current；$I_{\rm inela}$）成分の関係を示した．非弾性トンネル成分の寄与は，分子の振動エネルギーに相当する電圧から観測されるので，電流-電圧曲線の2次微分をとると，このエネルギー位置をピークとして観測することができる．

しかし，STM-IETS での振動状態の信号は全電流の数％の変化しか与えないので，8年経った今日でも観測例は世界の限られた研究グループからのみ報告されているにすぎない．先駆者である Ho グループからの報告 [2] を中心に，これまでの観測例を表1に示した．表面赤外分光法（infrared reflection absorption spectroscopy；IRAS）や高分解能電子エネルギー損失分光法（high resolution electron energy loss spectroscopy；HREELS）の観察では，吸着分子由来の多くの振動モードが観測されるのに対し，これまでに報告された STM-IETS で検出されている振動モードは限られていることが表からも読み取れよう．STM-IETS で測定しているのは全トンネル電流の変化なので，表面での振動分光法として普及している赤外反射吸収分光や高分解能電子エネルギー損失分光が吸着分子の振動励起を直接捉えているのに対し，STM-IETS の解釈は複雑である [14,15]．

1つの分子を対象とした STM-IETS 測定では，スペクトルを取得する時間内に分子と探針との相対位置が変わらないことが，S/N 比の良いスペクトルをとる上で必要条件となる．しかし，分子の反応のところで述べたように，吸着分子の振動励起はしばしば分子の運動や化学反応を誘起するので，広範な振動エネルギー領域でスペクトルを取得することは困難を伴う．表1に示した多くの分子は，振動状態の励起に対して安定な分子である．一方，不安定な分子は振動励起により吸着位置を変えたり（表面吸着サイト間のホッピング），反応により構造を変えたりするので，STM の探針と分子との相対位置の変化や分子そのものの電子状態の変化により，探針からの電子移動の効率が大きく変化する．このような分子のモーション（変化）をプローブとすると，不安定な分子に対しても振動励起の信号を取り出すことができる．アクションスペクトルと名づけたこの分光法は，分子の振動状態を調べる手法となる．

表 1 STM 非弾性トンネル分光（STM-IETS）で観測された分子とその振動モード

	分子	基質	振動モード
エチニル	C_2H, C_2D	Cu(100)	C-H 伸縮振動
アセチレン	C_2H_2, C_2D_2, C_2HD	Ni(100) Ni(110)	C-H 伸縮振動
プロピン	CH_3CCH, CH_3CCD	Ni(110)	C-H 伸縮振動
トランス-2-ブテン	$CH_3CHCHCH_3$	Pd(110)	C-H 伸縮振動
シス-2-ブテン	$CH_3CHCHCH_3$	Pd(110)	C-H 伸縮振動, Pd-C 伸縮振動
1,3 ブタジエン	$CH_2CHCHCH_2$	Pd(110)	ND
1-ブテン	$CH_2CHCH_2CH_3$	Pd(110)	C-H 伸縮振動
ブチン		Pd(110)	C-H 伸縮振動
ベンゼン	C_6H_6, C_6D_6	Cu(100)	ND
フラーレン	C_{60}	Ag(110)	Hg (w 2)
ピリジン	C_2H_5N, C_2D_5N	Cu(100) Ag(110)	
ピロリジン	C_4H_8NH	Cu(100) Ag(100)	C-H and N-H 伸縮振動, 環変形振動, CH_2 変角振動
N-メチルピロリジン	$C_4H_8NCH_3$	Cu(100)	
テトラヒドロチオフェン	C_4H_8S	Cu(100)	
Cu(2) エナオポルフィリン-1		Cu(100)	
半酸	HCOO	Ni(110)	C-H 伸縮振動
一酸化炭素	CO	Cu(110) Cu(100)	C-O 伸縮振動, 束縛回転, 束縛並進
酸素	O_2	Ag(110)	O-O 伸縮振動, O-Ag 反対称伸縮振動

ND：未観測

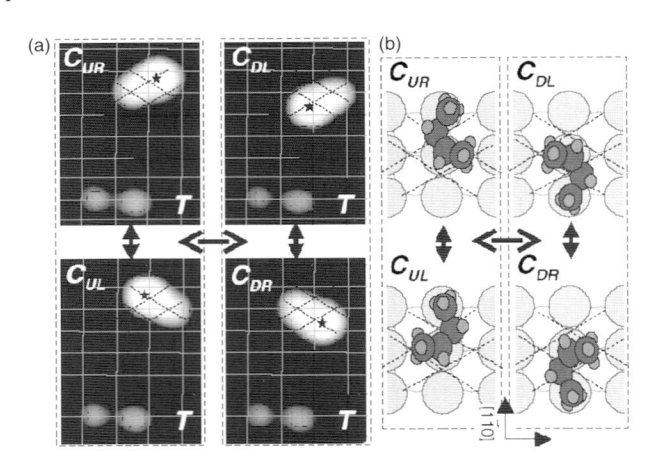

図 6 シス-2-ブテンの吸着サイト

振動状態が励起されると，分子は4つの等価な吸着サイト間をホッピングする．(a) は同じ原子上等価な4つの吸着位置における STM イメージを示した．左下のダンベル型（T）の分子は，トランス-2-ブテン分子．(b) には4つの吸着サイトの模式図を示した．

アクションスペクトルの一例として，Pd(110) 表面に吸着したシス-2-ブテン分子のケースを紹介する [16]．シス-2-ブテン分子は，Pd 原子上に π 吸着するが，原子の中心から少しホローサイト方向にずれた位置に吸着するため，図6に示した4つの等価な吸着サイト間を小さなエネルギー障壁を介して移動する．探針から分子に電子を供与し，1電子あたりの移動効率を縦軸にとり，探針と吸着分子間のバイアスに対してプロットすると，図7に示すようなアクションスペクトルを得ることができる．分子の運動効率が，バイアス電圧に対して著しく異なることが読み取れよう．これらの閾値は，シス-2-ブテン分子の振動モードのエネルギーに対応している．エネルギーの小さいほうから，21 meV および 36 meV は分子と表面との伸縮振動，106 meV は C-C 伸縮振動，125 meV に CH_3 変角振動，357 meV に CH_3 伸縮振動が観測されている．振動モードの同定には，同位体によるシフト量が大事な情報となるので，アクションスペクトルを取得する際にはいくつかの同位体でラベルした分子のスペクトルをとることが必要となる．図7では，すべてのHをDに置き換えたシス-2-ブテン分子を用いて，C-C 伸縮振動と C-H 変角振動とを識別して同定した．このアク

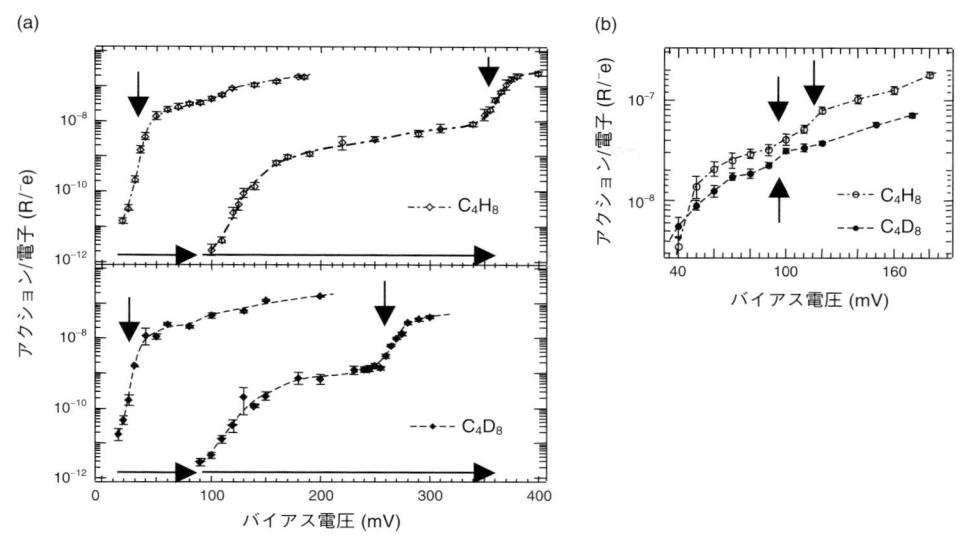

図7 Pd(110) 表面のシス-2-ブテン分子のアクションスペクトル

バイアス電圧により，いくつかのエネルギー閾値が得られる．これらの閾値（矢印で指示）が分子の振動エネルギーと対応している．

ションスペクトルを既存の HREELS と比較すると，いくつかの振動モードについて信号が得られなかった．これは非弾性的にトンネルした電子が振動状態を励起するメカニズムと関係している．STM 探針からの電子はフェルミレベル近傍に形成される分子の電子軌道に捕獲され，いったん負イオン状態を形成する．この状態は極短寿命ではあるが，分子の振動状態の励起は，この負イオン状態との相互作用の大きさによりその励起効率が決まる．したがって，フェルミレベル近傍に出現する分子の電子状態と符合する核の移動に関与する振動モードのみが励起されることとなる．シス-2-ブテン分子のアクションスペクトルに，$sp2$ の C-H 振動が見られないのは，この状態がフェルミレベル近傍の電子状態に関与していないためである．アクションスペクトルで多くの振動モードが検出されたのに対し，Pd(110) 上のシス-2-ブテン分子の STM-IETS では，C-H 伸縮振動のみが S/N 比の良いシグナルを与えた．アクションスペクトルは，トンネル電子のうち，非弾性成分のみを捉えているので，振動状態の励起

にかかる信号を効率よく検出したことが見てとれよう.

● **おわりに**

本章では,単分子の反応と分光に焦点を絞り,とくに化学的同定に有効な振動分光についての現状を紹介した.STMを利用した振動分光はまだ始まったばかりであり,これからの発展が楽しみな分野である.ナノテクノロジーの発展には,より複雑な分子系への展開が欠かせないが,大きな分子系に対しても情報取得の工夫が必要なものの,ここで紹介したアクションスペクトルなどを利用することにより大いに発展することが期待される.

文献

[1] Stipe, B. C., Rezaei, M. A., Ho, W.: *Science*, **280**, 1732 (1998)
[2] Ho, W.: *J. Chem. Phys.*, **117**, 11033 (2002)
[3] Hla, S.-W., Rieder, K.-H.: *Ann. Rev. Phys. Chem.*, **54**, 304 (2003)
[4] Komeda, T.: *Prog. Surf. Sci.*, **78**, 41 (2005)
[5] Dujardin, G., Walkup, R. E., Avouris, P.: *Science*, **255**, 1232 (1992)
[6] Stipe, B. C., Rezaei, M. A., Ho, W.: *Phys. Rev. Lett.*, **78**, 4410 (1997)
[7] Stipe, B. C., Rezaei, M. A., Ho, W.: *J. Chem. Phys.*, **107**, 6443 (1997)
[8] Gaudioso, J., Lee, H. J., Ho, W.: *J. Am. Chem. Soc.*, **121**, 8479 (1999)
[9] Lauhon L. J., Ho, W.: *Phys. Rev. Lett.*, **84**, 1527 (2000)
[10] Hla, S.-W., Bartels, L., Meyer, G. *et al.*: *Phys. Rev. Lett.*, **85**, 2777 (2000)
[11] Otero, R., Rosei, F., Besenbacher, F.: *Ann. Rev. Phys. Chem.*, **57**, 497 (2006)
[12] Kim, Y., Komeda, T., Kawai, M.: *Phys. Rev. Lett.*, **89**, 126104 (2002)
[13] Komeda, T., Kim, Y., Kawai, M. *et al.*: *Science*, **295**, 2055 (2002)
[14] Lorente, N. Persson, M.: *Phys. Rev. Lett.*, **85**, 2997 (2000)
[15] Lorente, N., Persson, M., Lauhon, L. J. *et al.*: *Phys. Rev. Lett.*, **86**, 2593 (2001)
[16] Sainoo, Y., Kim, Y., Okawa, T. *et al.*: *Phys. Rev. Lett.*, **95**, 246102 (2005)

Chapter 10

ナノスケール分析

ナノ・マイクロ構造による分析計測

金 幸夫

● はじめに

 ヒトの全遺伝情報の解読をめざしたヒト・ゲノムプロジェクトの開始当初，30億塩基に及ぶ全解析には100年を要すると思われていたが，わずか十数年で解読された．その成果を受けて研究の焦点はゲノムシーケンスから発現するタンパク質の解析（プロテオーム解析）へ移るとともに，1人1人の遺伝情報の解析とそれに即したオーダーメイド医療への展開が期待されている．これらの予想をこえた進展は分析・計測技術の急速な進歩が基となっているが，得られた成果はよりいっそうの進歩を求めることとなっている．ヒト・ゲノムの例のみならず，近年の科学・技術の発展においては，分析計測技術はますますその重要性を増している．研究・開発ではもちろんのこと，さまざまな産業を支える基盤技術として，さらにはわれわれの生活を支える環境，食品および診断・医療現場において，技術の高度化，高信頼化，高速化が求められている．とくにバイオ関連分野では，超微少量あるいは超微小を対象とし，同時に多数の試料・項目をハイスループット分析計測する技術の確立が不可欠と考えられている．たとえば，細胞や細胞内微小器官さらにはDNA分子自体を扱うための大きさとしての微小，プロテオーム解析や細胞内物質濃度の測定に要求される量

としての微少量,さらには環境ホルモンなど環境中に存在する有害物質の分析などでは濃度としての微少に対応する必要がある.このためには,それら微量試料を「見る」あるいは検出・定量するための高感度検出・計測法,混合物から目的物質を「分ける」ための分離・分析法が不可欠である.すなわち,対象となる試料のサイズ,量,濃度の3つの微量への対応が求められている.加えて,1つの微量試料だけでなく,同時に多数試料あるいは多種目分析を行うために,分析・計測法の小型化・微小化,さらに進んで高密度集積化が望まれる.これらを高速に,かつオンサイトでといったように,従来の技術発展の延長とは質的に異なる革新的な飛躍が要求されている.これらを実現するシーズとしてナノテクノロジーに対する期待は大きく,本シリーズで紹介されているようなさまざまなナノテク技術の分析計測技術への展開が,急速に進んでいる.

以上の背景のもと,本章では,マイクロからナノにわたる微小構造体を用いた分析計測について概観する.上述のようにこの分野に対する期待は大きく,対象となる試料が生体関連試料だけでなく広範な物質を扱うこと,試料の多様性に応じてさまざまな分離・分析手法が要求されること,ならびに微小構造体の作製・アセンブルを必要とすることなどから,生物・医学,化学,機械,電気などといったさまざまな分野からの研究,およびそれらの枠組みをこえた分野横断的な研究が進められている.非常に多岐にわたる分析計測法が提案されており,そのすべてを紹介することはできないが,本章ではそれらのうち,おもに微細加工技術により作製されたナノ・マイクロ構造体を用いた代表例を簡単に紹介する.ナノ・マイクロ関連技術全般については本シリーズおよび参考文献 [1-3] を参照されたい.なお,以下ではナノとマイクロを区別する必要がない場合には,ナノ・マイクロ構造を単に微小構造と記す.

I. 分析計測操作と試料サイズ

一般に分析・計測は,試料のサンプリング,試薬との反応,分離・濃縮,検出などの操作におおまかに分類される.たとえば,単一細胞を試料とする分析を考えてみる.仮に細胞を1辺が $1\,\mu\mathrm{m}$（$10^{-4}\,\mathrm{cm}$）の立方体とすると,その体積は $1\,\mathrm{fL}$（$10^{-15}\,\mathrm{L}$）,さらにその細胞内物質の濃度が $1\,\mathrm{nM}$（$10^{-9}\,\mathrm{mol/L}$）レベ

ルであれば物質量は 10^{-24} mol，よって単一分子レベルとなる．したがって，各操作は微小，微少量，微少濃度に対応しなければならない．

操作の手順としては，まず細胞懸濁液などから測定したい任意の1個の細胞を選び，なんらかの分析システムにセットする．そのために1個を選ぶための「目」およびマニピュレートするための「手」を用い，選び出した細胞を分析するための容器に入れる，あるいは空間に固定する．

次に，細胞に試薬を加える．細胞膜を溶解させる，細胞中の特定の器官を刺激する，あるいは染色する，細胞にとって薬あるいは毒を加えるなど，さまざまな反応あるいは化学物質に対する応答を誘起する．定量的な反応を行うためには，試薬量をあらかじめ計量しておかなければならない．対象が微量であれば，試薬量も必然的に微量になり，それに応じた計量器が必要である．さらに，計りとった試薬を細胞の入った容器にまで運び，加え，必要に応じてかき混ぜて反応をスタートさせる．微量に対応するため，試薬の移送手段および反応容器も微小でなければならない．化学的に刺激するほかに，電気信号を与えるなど物理的な刺激を加える場合もある．この場合，細胞の特定の部位のみを刺激したければ，電極もそれに応じた大きさでなければならない．

刺激に対して細胞が応答した結果，特定の化学物質の放出あるいは消費，生成がひきおこされる．細胞中には多数の物質が存在するため，何らかの方法で分離する，抗原抗体反応のような選択的な反応を利用するなどして，測定したい目的物質だけを選別しなければならない．次の検出とも関連して，目的物質を直接検出することがむずかしい場合には，特定の色素で選択的に染色する，酵素免疫測定法（ELISA法）のように検出しやすい別の物質に変換する，あるいは濃縮する操作を要することもある．測定物質を空間的にも，また濃度的にもロスしないよう，これらの操作も微小容器・空間内で行う必要がある．

最後に目的物質を定量するためには，対象空間が小さいことから高い空間分解能が要求されるとともに，対象空間に含まれる分析対象の量自体も微少になるために，必然的に高感度検出法が必要とされる．固体の表面分析に関しては，X線や電子線を利用した分析法など種々の高分解能かつ高感度分析手法が開発されているが，装置が大型であり，また高真空を必要とするなど，溶液試料に対しては適用できない．一般的には分光法や電気化学検出がよく用いられるが，

前者は用いる光の回折限界により，後者は電極サイズにより空間分解能が制限されるため，ナノメートルサイズの試料に対しては空間分解能を高める必要がある．

以上述べたような微量に対する分析操作のさまざまな場面で直面する問題，すなわち微小物のマニピュレーション，微小容器・反応空間制御，微量物質の移動・反応制御，分離，検出空間制御，高感度検出などに対して，微小構造体は有効な解決策を提供できると期待される．具体例は次節以降で紹介するが，微粒子，プローブ，薄膜，アレイ，チャンバ，チャネルなど，用途・目的に応じてマイクロからナノメートルサイズにわたるそれら微小構造体が利用されている．

われわれが日常体験しているマクロスケールからサイズが減少していくと，上述のように試料の取り扱いがむずかしくなっていく反面，空間限定，試薬・廃液量の低減，省スペース，高密度化・高集積化，携帯性など，ダウンサイジングによりもたらされる効果を得られる．おおよそ $100\,\mu m$ 以下になるとサイズ効果が顕在化しはじめる（マイクロサイズ効果）．体積に対する表面積（比表面積）が急増し表面の影響が大きくなる，分子拡散による平均自由行程が空間サイズに近づくため物質移動時間が短くなる，ことなどに加え，容量の減少とともに外部からの摂動に対する応答が鋭敏になる．たとえば，外界との熱交換が速やかにおこり熱的な均一場を容易に作ることができるとともに，高速な加熱・冷却が可能となる．また，マイクロメートルサイズの流路・チャネルを流れる流体は非常に安定な層流となり，次節で述べるような層流の特性を利用した分析法が可能となる．数十 μm の領域での特徴を簡単にまとめると，物理・化学現象そのものはマクロスケールと本質的には変わらず，マイクロサイズ効果を十分加味すればマクロスケールからの類推で現象の予測は可能であり，また操作の観点からは，光学顕微鏡で十分観察でき，マイクロマニピュレータなどを用いて試料を見ながら直接操作できるサイズ領域であることである．

さらに小さくなり，ナノメートルの領域にはいると，光学顕微鏡では正確な試料の形状を見ることができなくなり，試料を見ながら操作できなくなる．そこで微小構造体を利用し，特定の空間に必ず試料が存在する状態を作り出す，あるいは蛍光微粒子のような「見える」タグをつけることによって，試料をと

らえることを可能にする．また，物理・化学現象もマクロスケールとは異なるナノサイズ効果が現れはじめる．マイクロに比べさらに格段に比表面積が大きくなることから，もはや内部よりは表面の割合が多くなり，マクロとは異なる性質が現れる．あるいは容器内壁との距離が近く相互作用が大きくなるため，内壁の影響を受けてマクロとは異なる挙動を示すようになる．また，数百nmの大きさは，ちょうど光の波長と同程度となるため，近接場光やフォトニック結晶のような光学効果の利用が可能になる．さらに数nm程度まで小さくなると，量子サイズ効果が発現するようになる．

以下，マイクロからナノの大きさの特長，ならびに構造体の形状の特性を利用した分析計測法の代表例を紹介する．

II. マイクロ構造体を利用した分析計測例

1. マイクロアレイ構造

ここでは，微細加工技術により作製された数十〜数百 μm 程度のマイクロ構造体を用いた分析計測について紹介する．シリコン，ガラス，またはプラスチックなどの基板に加工されたマイクロパターンを利用した分析法で，μTAS (micro total analysis system) あるいは lab-on-a chip とよばれる分野および微小電極をとりあげる．なお，このサイズ領域の微粒子は，クロマトグラフィーの充填剤，吸着剤，あるいは抗体を固定化した微粒子を用いた免疫分析など，分析にとって重要で利用例は多いが，ここではとりあげない．

μTAS の形態としては，機能場・反応場を高密度に配置した基板表面そのものを利用するアレイ型と，基板に作製した溝にふたをして流路として利用するチャネル型におおまかに分類される．単純な構造から半導体集積化回路を思わせるような非常に複雑な構造を有するものまで，さまざまな構造が作製・報告されてきている．本節では，その基本を説明する．

A. DNA チップ

アレイ型の代表例は DNA チップである [4,5]．図1に示すように，基板上に数千から数万のシーケンスの異なる DNA 断片（プローブ DNA）をアレイ状に

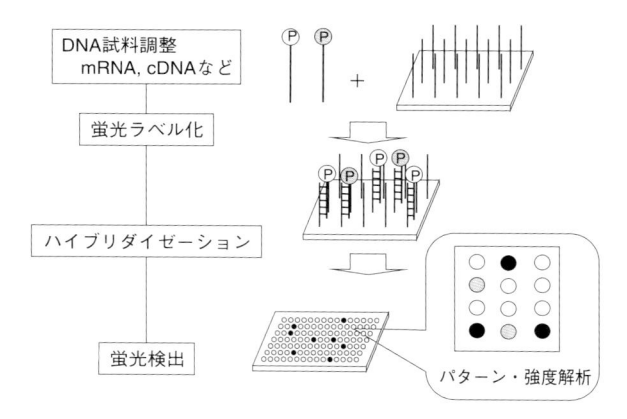

図 1　DNA チップの原理

固定化する．試料 DNA はあらかじめ蛍光色素でラベル化したのち，DNA チップに滴下する．試料 DNA は相補的な塩基配列のプローブ DNA と二重らせんを形成し（ハイブリダイゼーション），DNA チップ上の特定のスポットだけが蛍光を発するようになる．この蛍光を発するスポットの位置とパターンから塩基配列決定，遺伝子変異や遺伝子多型の解析，および蛍光強度から遺伝子の発現量解析などが行われる．

　DNA チップでは，シーケンスがわかっている DNA を基板上の特定の位置に高密度に固定化する必要がある．おもに，プローブ DNA を 1 種類ずつ基板にスポットしていくスポッティング法と，基板上でオリゴヌクレオチドを直接合成するオンチップ合成法がある．前者には，ピン先に DNA 溶液をつけ基板にのせていく機械式とインクジェット式がある．スポット形状の均一化，高密度化，高速化，全自動化などの工夫がなされたマイクロスポッターが市販されており，数十 μm 程度のスポットを 1 万スポット/cm^2 程度の密度で比較的簡単に DNA アレイを作製できる．後者は，末端に光官能性保護基をつけたヌクレオチドを用いて，フォトリソグラフィーにより基板上の特定の部位のみを脱保護し，オリゴヌクレオチド合成が行われるようにする．この操作をくり返し，基板上に 1 つずつヌクレオチドを反応させていき，おおよそ 60 塩基程度までの任意のシーケンスを自在に作ることができる．

DNA チップと同様に，タンパク質や糖を固定したプロテインチップ，糖チップも開発されている [5,6]．プロテインチップは，タンパク質-薬剤，タンパク質-タンパク質，抗原-抗体，酵素-基質間などの相互作用および発現量のハイスループット解析法として，糖チップもタンパク質-糖あるいは糖-糖間の相互作用解析法として，プロテオームおよびグライコーム解析の重要なツールとなるものと期待されている．しかしながら，固定化法，安定性，検出法などの問題から，DNA チップに比べまだまだ発展途上の段階である．

B. マイクロウェルアレイ

アレイ型構造のほかの例として，マイクロウェルアレイがある．これは微細加工技術によりマイクロメートルサイズの穴を作り，それを細胞培養や反応を行う容器として利用するものである．生化学実験では直径数 mm のウェル（小さな容器）が並んだマイクロタイタープレートがよく用いられる．その大きさは人間が扱いやすい大きさであるが，単一細胞あるいは微量試料から見た場合は大きすぎる．より小さなマイクロウェルアレイを用いることにより，微量に対応できるだけでなく，1 つのウェルに細胞を 1 つずつ培養したり [7]，タンパク質を固定化することも可能になってきており，単一細胞・タンパク質レベルのさまざまな実験が行われている．その一例については次項で紹介する．

2. マイクロチャネル構造

チャネル型は，微細加工技術により作製された幅 10〜数百 μm，深さ数十 μm 程度の流路を反応場・分析場とする．電気泳動チップとマイクロ流体チップに大別される．

A. 電気泳動チップ

電気泳動は，試料溶液に電位をかけたとき，イオン性物質がその電荷と逆符号の電極へ向かって移動する現象である [8]．物質の電荷，大きさ，形状に移動速度が依存することを利用してさまざまな物質を分離できる．電気泳動チップ [9] は，基本的には試料を分離するための分離チャネルと，それとクロスして配置される導入チャネルからなる（図 2）．初め，導入チャネルの両端に電位

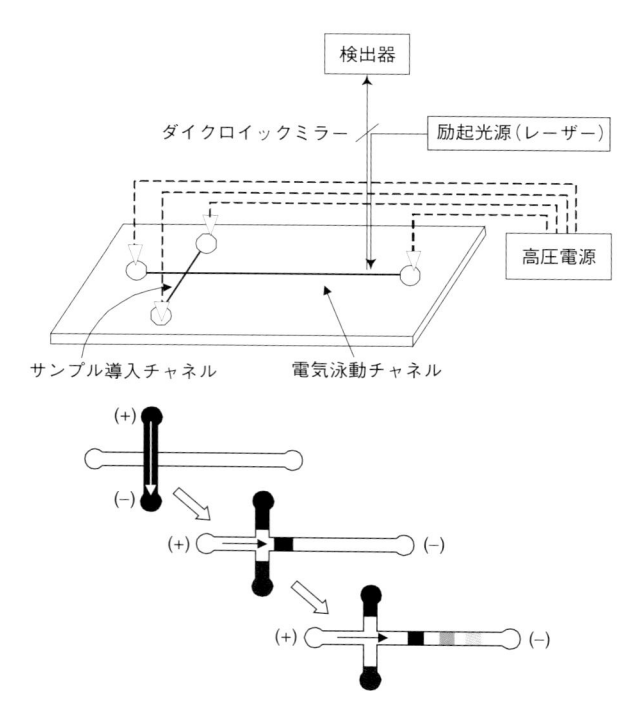

図 2　電気泳動チップの基本構成と微少量試料の導入・分離

をかけて試料を満たしておく．次に分離チャネルに電位印加を切り替えると，交差部の試料が分離チャネルに導入される．これにより数十 pL オーダーの微少量試料を切り取ることができ，高分解能分離が可能となる．電気泳動により分離された試料は下流の定点で検出される．

ヒト・ゲノムプロジェクトでは，キャピラリー電気泳動，さらにそれを並列化したキャピラリーアレイ電気泳動の開発が，ゲノム解析の劇的なスピードアップをもたらした．チップ化でさらに高密度集積化によるスループットの格段の向上がもたらされるだけでなく，細胞からの DNA やタンパク質の抽出，酵素反応あるいは DNA 増幅のためのポリメラーゼ連鎖反応（PCR），検出のための誘導体化・染色などの試料の前・後処理プロセスとの統合化，チップ作製時の半導体レーザーやフォトダイオードなど検出素子の一体化，などの分析に必要な一連のプロセスを 1 枚のチップに集積化するオールインワンシステムへ

の展開が期待されている．

B．マイクロ流体チップ：反応・抽出

　電気泳動チップに対して，マイクロ流体チップでは，マイクロチャネルにポンプなどを用いて溶液を流しながらさまざまな化学反応・分離操作を行い，化学システムを組み上げていく．マイクロチャネルを流れる流体は，流路サイズが小さいため非常に安定な層流（流線が常に流路軸と平行になり互いに交わらない流れ）を形成する．このため，たとえばY字型チャネルを用いて2液を合流させても，合流後ただちに層流となり，2液の流れの流線は交わらず，その結果，溶液自体は互いに混じらない．しかしながら，空間サイズが小さいため溶質の移動距離が短くてすみ，分子拡散だけでも溶質は短時間で混じることができる．これを利用して試料と試薬との混合による反応を誘起することができる．水と油のような互いに混じらない2液を導入した場合は，油水それぞれが平行に流れる平行2相層流を形成する．その比界面積はマクロスケールに比べて大きくなるため，激しく撹拌しなくても効率的な液液抽出が進行する．加えて，下流に分岐構造を配すれば，油と水を簡単に分離できる．また，2相以上の多相層流も簡単に作れる．

　これらの特長を巧みに用いた例として，重金属イオンの湿式分析チップを図3に示す [10]．この例では，試料とキレート試薬の流れの合流による混合・キレート錯体生成反応，有機溶媒との合流・接触による液液抽出，流路の分岐による油水分離，続いて酸・塩基水溶液との同時接触による目的錯体以外の分解・除去反応の複数の反応・分離操作を1枚のチップ上で連続的に実現している．通常の分液ロートを用いたバルク操作に比べ，操作の簡便化，試薬・廃液の大幅低減とともに分析時間の大幅な短縮がなされた．また，分解・除去過程では，安定な多相層流の利点を生かして，酸と塩基を同時に作用させる，マクロスケールでは不可能な操作を実現したことは興味深い．

C．マイクロ流体チップ：セルソーターほか

　マイクロ流体間の化学反応や物質移動ではなく，流れを積極的に制御して利用する分離方法もある．その一例として，多数の細胞から特定の細胞を分別す

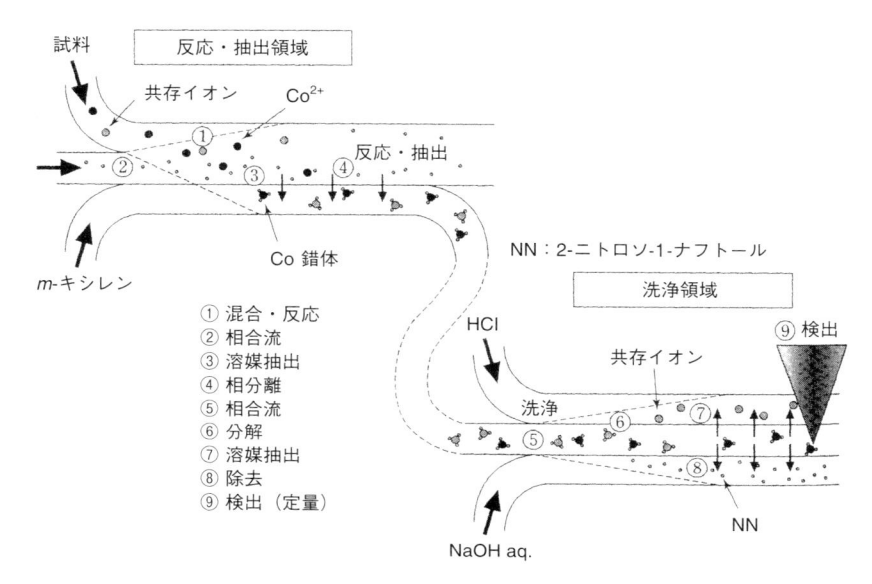

図3 多相層流を利用した反応・抽出・分離を集積化したコバルト湿式分析チップ
[文献1より転載]

るセルソーターについて説明する．これは細胞懸濁液をチャネルに流し，特定の細胞が通過したとき流れを制御して分別・回収する方法である．さまざまな方式が提案されているが，そのひとつに取捨の選択に流れを切り替える方法がある．たとえば，細胞懸濁液の両側をシースフローで挟み，特定の細胞が通過したとき，そのシースフローのバランスを変化させる [11]，あるいはマイクロバルブ [12] により流路を切り替え，回収用のチャネルに導く（図4）．特定の細胞の検出と，それに応じた迅速な切替えが重要であり，実用化に向けてはスループット向上と確実性の確保が技術的課題となっている．

このほか，分離分析システムの代表格であるクロマトグラフィーのチップ化も行われている．μTASの元祖ともいえるシリコン基板上に作製されたガスクロマトグラフィー [13] が1970年代に報告されたが，生体関連試料分析に対する要求が高いことから，液体クロマトグラフィー（LC）がおもに研究されている．とくに，質量分析法（MS）と結合したLC-MSがプロテオーム解析の強力な分析手法となると期待されており，分離能だけなくMSとの再現性の高い接

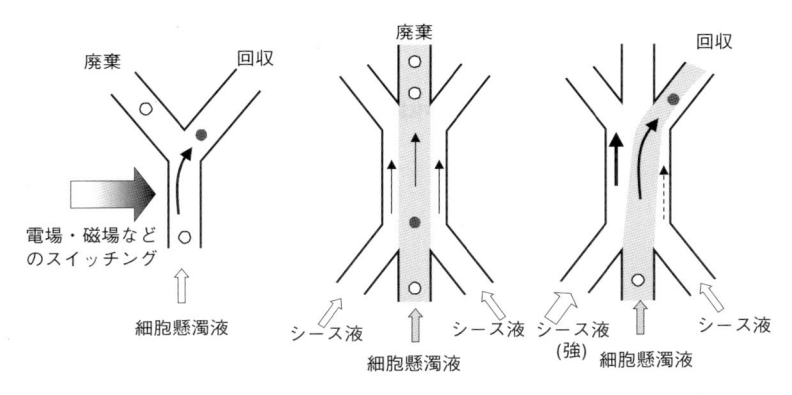

図 4　外部摂動およびシースフローによるセルソーティング

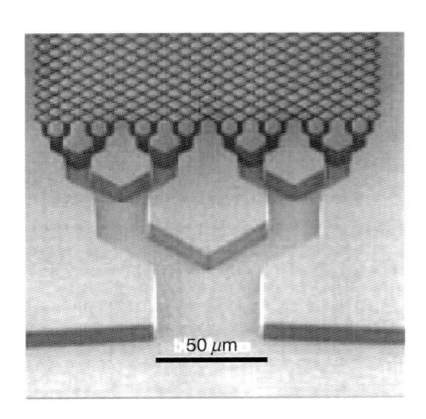

図 5　マイクロ柱状構造を密に配したカラム
[文献 14 より転載]

続法も含めた研究がなされている．LC チップでは，従来の LC で用いられてきた粒径数 μm の微粒子充填剤も使われているが，図 5 に示すような微細加工で作製されたマイクロ構造 [14]，あるいはゾル-ゲル法などによりチャネル内で作製した多孔質骨格（モノリス）を固定相とした LC チップも報告されている．

　以上のように，マイクロ流体チップはそれ自体を分析計測システムとして利用するだけでなく，反応・分離操作を種々組み合わせて設計できることから，さまざまな分析計測の前処理あるいは後処理操作として利用できる．加えて，

次節で述べるナノ構造体を利用した分析計測システムに対して，試料・試薬供給などを含めたマクロからナノスケールへのインターフェースとしても重要な役割を果たす．

3. マイクロ電極

電気化学計測法は分光法と並んで古くから用いられてきた汎用的な化学計測法である．上述のマイクロ構造体を用いた分析法で検出法として重要な役割を果たしているだけでなく，検出の主役となる電極そのものの大きさが電気化学応答に影響するので，微細加工技術を利用したさまざまなマイクロ電極が作製され，利用されてきた [15]．

通常サイズの電極に比べてマイクロ電極は，局所的な電気化学応答を測定できる，定常電流を得やすく解析が簡単，応答速度が速く高速反応の追跡ができるなど，微小化に伴った利点をもつ．加えて，微細加工技術を用いて微小電極の組合せや配置を制御できるので，複数の電極でおこる電極反応の相互作用を発現でき，それを利用したマイクロ電極ならではの検出法が可能となる．

典型的な電極の形状を図6にまとめた．ガラスキャピラリーに白金や金などの金属，あるいはカーボンファイバーなどの細線を封止ししたプローブ型は，サイズが小さい特性を利用して微小領域，とくに生体反応の局所測定に用いられてきた．脳内の神経伝達物質，細胞内の活性酸素やNOの測定，あるいは細胞の局所領域における膜透過性やイオンチャネルの機能評価などに利用されている．また，試料の表面上を走査するプローブとして用い，表面の電気化学活性種の空間分布や，表面で進行する電気化学反応の空間分布をモニターできる走査型電気化学顕微鏡（SECM）[16] へと展開されている．

ガラスなどの基板上に微細加工技術により作製した基板型は，基板にのせた細胞などの試料の各位置での電極応答の同時検出が可能で，細胞の機能や細胞間相互作用・情報伝達の評価に使われている．また，前節で述べたマイクロアレイやチャネルと組み合わせた電気化学検出法としても用いられている．とくに櫛形電極は，一方で酸化した試料をもう一方で還元するレドックスサイクルとよばれる現象を誘起できる．電極間距離が十分小さいと，レドックスサイクルが効率よくおこり，その結果，見かけ上電流値を増幅することができ，検出

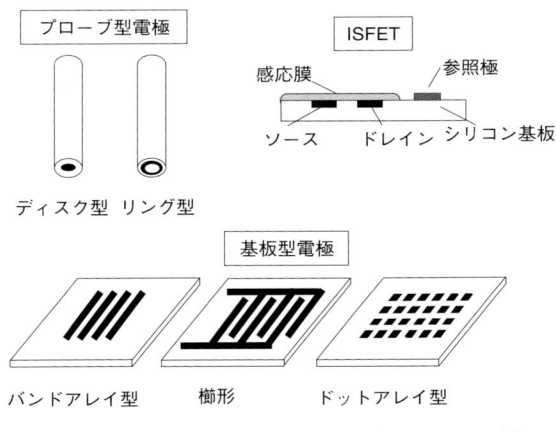

図 6　種々のマイクロ電極および ISFET の例

感度を高めることができる．

　電極をイオン感応膜で修飾したイオン電極や，半導体作製技術を用いてドレイン・ソース構造を作製したイオン感応性電界効果型トランジスタ（ISFET）も利用されている．感応膜を選択することにより，pH だけでなく種々のイオンの測定，さらには電極を酵素修飾し酵素反応で消費または生成されるイオンもしくは pH 変化を測定するバイオセンサに展開されている．また，電極材料の電気抵抗の温度依存性を利用した温度センサや流量センサも簡単に作ることができ，複数の電極を集積化し，温度，流量とともに pH，酸素，二酸化炭素，K^+ イオン，尿素，グルコース濃度といった多項目を同時分析できる集積化センサも開発されている [17, 18]．

　電気化学計測は，複数のさまざまな電極を比較的簡単に集積化できることに加え，半導体作製技術を組み合わせれば信号の増幅・演算処理をも容易に集積化できる．これにより，検出部のみならず計測に必要な周辺の制御系と信号処理も含めたシステム全体の小型化が容易で，今後の高機能マイクロデバイスへの展開が期待される．

III. ナノ構造体を利用した分析計測例

1. 微小容器

試料サイズがナノレベルになってくると，通常の光学顕微鏡では「見る」および「扱う」ことがむずかしくなってくる．そのために，試料の存在する空間を限定する，可視化あるいは「つまむ」ためのタグをつける，微小空間のみが見えるようにする，などの工夫が必要になる．また，I 節で述べたような，ナノサイズ効果を利用したマクロではできない操作・計測が必要となる．

マイクロウェルの項で述べたように，微細加工技術により試料サイズに合わせた望みのサイズの微小容器を自在に作ることができ，単一の微小試料を固定したり，試薬や測定対象物質を閉じこめておけるので，分析・計測空間を限定できる．図 7 にタンパク質 1 分子でできた分子ナノモーターである F_1 を固定化し，その回転を可視化した例を示す．F_1 は直径・高さとも 10 nm 程度で，ATP（アデノシン三リン酸）を ADP（アデノシン二リン酸）に加水分解して得たエネルギーを利用して，中央にある 2 nm の γ サブユニットを回転させると考えられている．野地らは，回転を可視化するために，γ サブユニットに蛍光標識したアクチン繊維（太さは 10 nm だが長さ数 μm）をつけ，蛍光画像として直

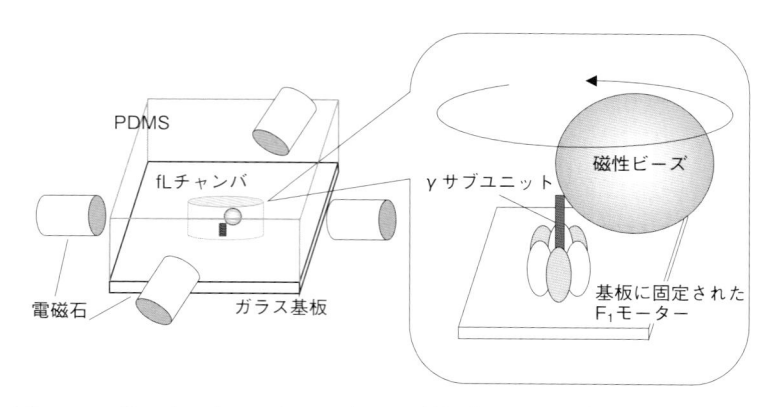

図 7　F_1 モーターの fL チャンバーへの閉じ込めと，外部磁場による回転
［文献 20 より］

接観察した[19].また,γサブユニットに500nmの磁気ビーズをつけ,これを外部に設置した電磁石により回転させると,わずか2nmのγサブユニットを強制的に回転でき,逆回転によるADPからATPが生成する逆反応を誘起できることを示した[20].生成したATPは微小容器中にあるため,その生成量を定量的に評価でき,回転数とATP生成量の関係を明らかにした.

そのほか,微小容器中で反応を行うと,生成・分解する分子数がわずかであってもロスすることなく短時間で検出可能な濃度に達するので,高感度分析が可能となる.F_1モーター以外にも種々の酵素について単分子計測が行われている[21].

2. 微小物の捕捉・マニピュレーション

500nm程度以上の微粒子は顕微鏡でかろうじて見ることのできるぎりぎりの大きさである.そこで,タンパク質やDNA分子などに微粒子をタグとしてつけることによって,それらの微小試料を間接的に見ることができる.また,微粒子を「つかみ」,動かしてそれらをマニピュレートできる.前項でもふれたが,磁性微粒子を用いた方法のほかに,不均一交流電場中で分極された微粒子が動く誘電泳動[22,23],対物レンズを通して急峻に集光されたレーザー光を用いるレーザー捕捉あるいはレーザーピンセット[24-26]なども利用されている.いずれも微粒子の大きさや性質により受ける力が異なるので,微粒子の分級や分別にも使われる.なかでもレーザー光の焦点近傍に微粒子を捕捉するレーザー捕捉は,微粒子を3次元的に動かせるだけでなく,複数のレーザー光を使って複数の微粒子を操作できるという特長を有する.これを使って,DNAの両端につけた2つの微粒子を2本のレーザー光により操作し,DNAを伸ばしておき,そこにDNAポリメラーゼが結合する様子を調べたり,さらにもう1つ別の微粒子を操作し,伸ばしたDNAの中ほどに接触させ屈曲させるなどして,DNA分子の機械的特性の計測が試みられている.

MEMS (micro electro mechanical systems)技術を駆使して,マイクロサイズのピンセットも作られている.橋口らは,シリコンチップの端から2本の腕を突き出し,それらの先に2本の曲率半径が10nm程度の鋭い針先が対向した構造を作製した(図8).この2本の針先をピンセットのように使いDNA分子の捕

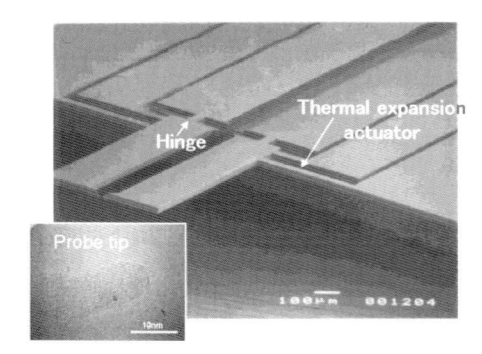

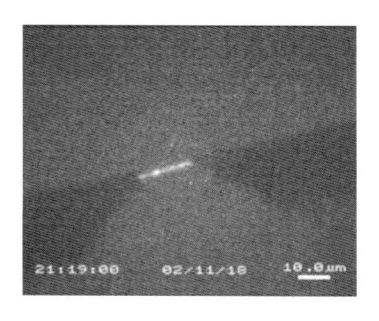

図 8　マイクロアクチュエーターのついたナノツィーザーと DNA 捕捉の蛍光画像
[文献 27 より転載]

捉に成功している [27]．さらにチップに作り込まれたアクチュエーターにより2本の腕を動かし，針先間の距離を制御して DNA 分子を伸び縮みさせる操作も成功させている．これにより DNA 分子を自在にマニピュレートするとともに，機械的操作による化学・電気・機械的特性の測定への展開が進められている．

3．ナノピラー・ナノポア

微小構造体が作り出す空間がナノレベルになってくると，空間と高分子との相互作用が顕在化してくる．単純には，微細加工技術により精密に制御されたナノサイズの分子篩（ふるい）・フィルターを作製できる．ここでは，より空間と高分子との相互作用を利用した例として，柱状のナノ構造体（ナノピラー）およびナノ細孔（ナノポア）について紹介する．

DNA 二重らせんの直径は約 2nm であるが，水溶液中では伸びた状態ではなく，1次元鎖が緩く絡まったランダムコイル状態で存在し，長いものでは μm サイズの微粒子のようにみえる．DNA 分子が，その見かけの直径よりも小さな間隔のナノピラーアレイ中に導入されるとき，ランダムコイル状態がほどけ，線状に伸張しナノピラーアレイ中に進入する．これはナノピラーアレイ進入前後の空間サイズの違いによりエントロピー差が生じ，それに応じた力が DNA 分子にはたらき伸張するものであり，Craighead らのグループにより実験的に示された [28]．これを利用した DNA の分離（エントロピックトラップ）も報

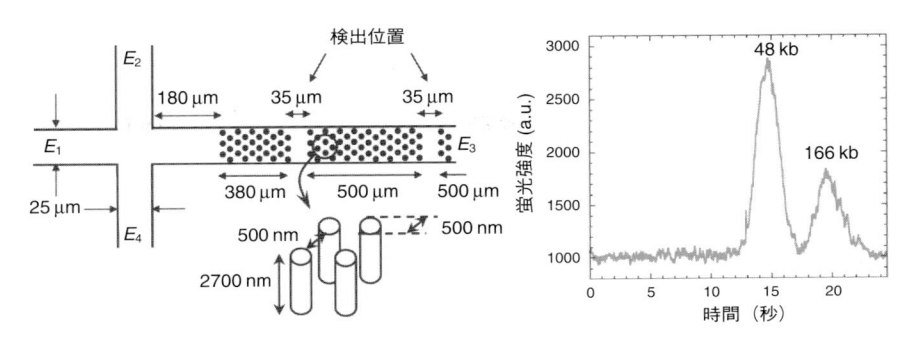

図9 ナノピラーを有するマイクロチャネル（左図）を用いた λDNA（48.5 kb）と T4 ファージ DNA（165.6 kb）の電気泳動による分離結果（右図）

[文献 31 より転載]

告されている [29].

　DNA の電気泳動においては，分離媒体としてゲルやポリマーが使われ，それらの作る網目構造の分子篩作用により，DNA 分子をサイズ分離してきた．しかしながら，その網目サイズは微視的には数 nm から μm のサイズ分布をもち，その不均一性が分離能を高める上での問題であった．サイズ分布のない均一な分離場を作るために，ナノ微粒子充填 [30] やモノリスカラムの利用も報告されている．加地らは，図 9 に示すようにマイクロチャネル中に作製したナノピラーを分離媒体として利用して，高速・高分解能の DNA 分離に成功した [31]．前述の DNA の伸展を考慮しながら，ピラーサイズ（間隔）を最適化し，通常の直流電場下では分離が困難であった数十〜100 kb の DNA を 30 秒程度で分離した．ナノピラーアレイの高機能・高性能分離媒体としての可能性を示す結果として興味深い．

　このほか，ナノピラーアレイにより表面積を格段に増やすことができるので，表面を利用した分析法，たとえば表面に固定化した抗体を用いる免疫分析では，固定量の増大によって反応量を大幅に増やすことができ，感度向上が見込まれる [32]．

　ナノピラーアレイと同様に，Cao らは，数十 nm 程度の内径をもつ 1 次元ナノチャネルに DNA 分子を導入すれば伸展した DNA 分子が得られることを示

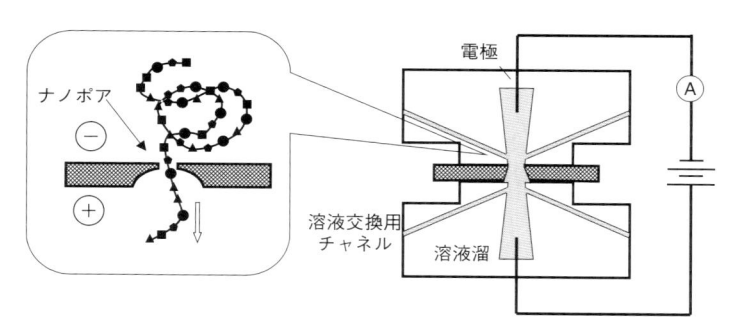

図 10　人工ナノポアによる DNA シーケンシング

した [33]．ひも状に伸展された DNA 分子を用いれば，遺伝情報へのアクセスが容易になり，これを利用した新しい塩基配列決定法や，ねらった部位を切り出す「モレキュラサージェリー」への応用が期待される．

　細孔を利用した液体中の微粒子の計数とサイズ測定を行う装置として，コールターカウンタが使われている．これは数十 μm 程度の細孔の両側に電極を配置し，微粒子が細孔を通過するときの抵抗変化を検出するものであり，μm オーダーの微粒子測定に利用されている．細孔サイズをナノレベルに小さくして分子レベル計測への適用が検討されている．たとえば，Branton らのグループは DNA の塩基配列決定法を提案している．α-ヘモリシンタンパク質が有するナノポアは内径 2.6 nm で，1 本鎖の DNA 1 分子のみを通過させる大きさである．ナノポアを DNA 分子が通過するときイオンの通り道であるナノポアがふさがれるためイオン伝導が抑制され，その結果，ナノポアを流れる電流値が小さくなる．先にも述べたが，DNA 分子がナノポアを通過するとき，伸展したひも状となる．DNA を構成する塩基はそれぞれ大きさが異なるため，通過する塩基の種類により電流の変化量が異なり，この変化量より塩基を決定していく [34]．まだまだ可能性が示された段階であるが，DNA 1 分子を解析でき，高速かつ低コストな塩基配列決定法として期待が大きく，微細加工技術により作製された 4 nm の人工ナノポアを用いた研究も報告されている（図 10）[35]．

4．ナノ粒子：量子ドット

　ナノ粒子は，先にふれたタグとしての利用のほかに，すでに幅広い分析計

測分野で使われている．一般的にはボトムアップ的な手法で作製されるため，本章の範囲を外れるが，数 nm サイズのナノ粒子である発光性半導体量子ドット [36-38] は，従来の有機蛍光色素に代る材料として蛍光分析・計測で重要であるので簡単に説明する．

　蛍光標識は，DNA，タンパク質，細胞などの生体系の構造と機能を可視化する重要な手法であり，これまでは有機蛍光色素が用いられ，標識対象や得たい情報に応じるとともに，吸収・蛍光波長の異なるさまざまな色素が開発されてきた．蛍光強度，スペクトル，蛍光寿命に加え，色素間のエネルギー移動，電子移動の情報，さらにそれらの環境依存性を利用してナノスケールの環境をプローブできる．その反面，光退色，およびスペクトル幅が広いので，多色標識した場合にスペクトルの重なり（クロストーク）が問題となる．これに対して量子ドットは，光退色に強く，長時間の追跡が可能になる．また，サイズに依存して蛍光波長が依存する量子サイズ効果により，同一物質で多色蛍光体が得られ，そのスペクトル幅が有機色素に比べ狭く，クロストークのない多色標識ができる．さらに，ストークスシフトが大きく，入射光のバックグラウンドを避けた高感度検出が可能になる．これら有機色素の問題点を解消する特長が注目されており，細胞および細胞内器官の可視化だけでなく，細胞内微量タンパク質の検出，病原体や毒物の検出，がん細胞の識別，特定の塩基配列をもつ DNA の検出等々，広範な分野で利用されている．

5．光学効果を利用した検出

　これまで述べてきた分析計測法は，微小構造体を分析計測場あるいはタグとして利用するものであり，微小電極を除いて検出法そのものは微小構造体の特性を生かしたものではない．本節を終えるにあたり，微小構造体を利用した検出法について紹介する．

　光の波長程度のサイズ・周期構造をもつ微小構造体中では，光と物質の相互作用が強まり，光の速度が遅くなる，あるいは光に対してバンド構造を形成し，光が伝搬しないフォトニックバンドギャップが存在する．このような構造体はフォトニック結晶とよばれ，次世代の光学素子・デバイスへの応用が盛んに研究されている [39]．トップダウン手法である微細加工技術，およびボトムアッ

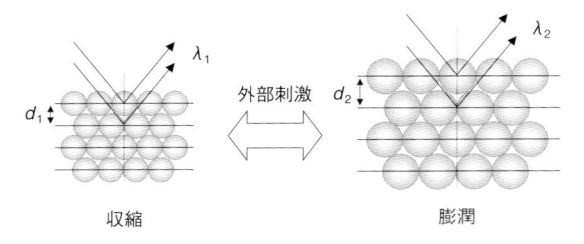

図 11 外部刺激（温度，pH，イオン濃度など）によるフォトニック結晶の反射スペクトル変化

プ手法であるナノ微粒子を規則正しく配列させる粒子配列法の両法により，1次元から3次元のフォトニック結晶が作製されている．フォトニック結晶の特性は，構造体のサイズ・周期および屈折率に依存するため，これを利用したセンサ応用がなされている．たとえば，pHや温度で粒子サイズが変化するゲルを用いてフォトニック結晶を作れば，反射スペクトル変化によって見た目の「色」が変化する簡便な目視型センサができる（図11）[40]．

先にも述べたが，通常の光を用いた検出法では空間分解能が光の回折限界によって決まるため，およそ波長程度の空間分解能となる．これに対して，ガラス基板に光を全反射角度で照射すると，エバネッセント光とよばれる光のしみだしが起こる[41]．エバネッセント光の強度は指数関数的に減少するため，ガラス基板表面から100 nmオーダー程度だけを照射することができる．よって，全反射現象を利用して測定空間を限定し，表面近傍だけの情報を得ることができる（図12）[26]．たとえば，蛍光標識した抗原と抗体の反応を計測する場合，ガラス表面に抗体を固定化しておけば，抗体と結合した抗原，すなわち表面の蛍光標識された抗原のみをエバネッセント光で励起・検出できる．バルクに存在する抗原は励起されず，バックグランドを小さくできるので，高感度な測定が可能となる．全反射照明用の対物レンズも市販されており，表面に固定化した試料の単一分子レベルの観察手法としての利用が進んでいる．

金などの金属薄膜を50 nm程度蒸着したプリズムに光を入射すると，金属面で反射するときにエバネッセント波を発生し，その速度が表面プラズモンの速度と一致したとき表面プラズモン波が共鳴的に励起され（surface plasmon resonance；SPR），反射率が変化する[41]．SPRは金属表面における屈折率変

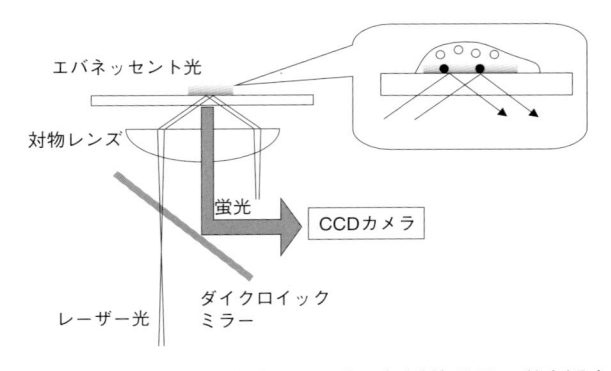

III. ナノ構造体を利用した分析計測例　207

図 12　全反射蛍光顕微鏡による表面極近傍分子の蛍光観察

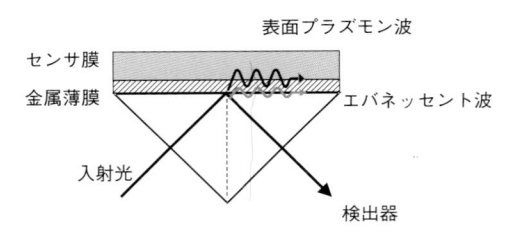

図 13　SPR センサの光学配置例

化に鋭敏に応答するので，高感度検出法として利用されている（図13）[42]．表面の情報のみが得られること，および屈折率変化をとらえるので，試料を蛍光標識する必要がないという特長をもつ．SPR イメージング装置も市販されており，免疫分析をはじめとしてマイクロアレイチップの検出器としても期待されている．

　数～数十 nm サイズの金や銀ナノ粒子では，表面プラズモンが粒子に局在化し，局在プラズモン共鳴（localized plasmon resonance；LPR）とよばれる．SPR と同様に，光の回折限界を超えたナノメートル領域に光を閉じこめられることに加え，強い局所電場を発現する．たとえば，50 nm 銀粒子のモデル計算では，入射光に対して 200 倍の増強電場が発生する．注目すべきは銀粒子どうしが 4 nm まで近づくと，その間隙では 4,000 倍の増強電場が発生する．屈折率変化をとらえることに加え，この大きな増強電場を活用する検出法が発展しつつある [43]．Mirkin らはターゲット DNA とプローブ DNA に金ナノ粒子をつ

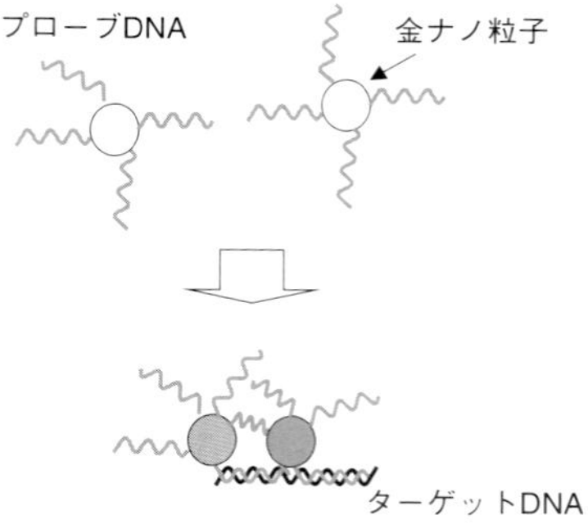

図14 DNAハイブリダイゼーションによる金ナノ粒子間の電場増強

け，ハイブリダイゼーションにより2つの金粒子が近接することによる電場増強を，目視による色調変化でセンシングできることを示した（図14）[44]．また，LPRは表面増強ラマン散乱と深く関連しており，ナノメートルサイズの金や銀の周期構造体を利用した研究が進められている．これらナノ構造体を利用する研究分野は「ナノプラズモニクス」とよばれ，近年，急速な広がりを見せており，微細加工技術を駆使した精密な構造体を利用することで，今後の大いなる発展が期待される[45]．

● まとめ

以上，おもに微細加工技術で作製された微小構造体を用いた分析計測の代表例について述べた．ここで述べた以外にも，自己組織化法や超分子も含めさまざまな微小構造体が作製されており，分析計測に利用されている．すでに装置化・市販されているものもあるが，まだまだ原理の実証段階や研究室レベルのものが多い．それらの早期実用化が望まれるだけでなく，微小構造体の特長を生かした新原理やナノ-マイクロ-バルクの有機的結合による高度システムへの展開が期待される．

文献

[1] マイクロ化学チップの技術と応用（化学とマイクロ・ナノシステム研究会 監修，北森武彦他 編），丸善 (2004)

- [2] ナノテク・バイオ MEMS 時代の分離・計測技術（馬場嘉信 監修），シーエムシー出版 (2006)
- [3] Micro Total Analysis System 2005 (eds. Jensen, K. F. *et al.*), Transducer Research Foundation (2005)
- [4] Schena, M. *et al.*: Microarray analysis, John Wiley & Sons (2003)
- [5] 竹中繁織：先端の分析法──理工学からナノ・バイオまで，p.431，エヌ・ティー・エス (2004)
- [6] バイオチップの最新技術と応用（松永 是 監修），シーエムシー出版 (2004)
- [7] Le Pioufle, B. *et al.*: *Mater. Sci. Eng.*, **C12**, 77 (2000)
- [8] キャピラリー電気泳動──基礎と実際（本田 進 他 編），講談社サイエンティフィク (1995)
- [9] Harrison, D. J. *et al.*: *Science*, **261**, 995 (1993)
- [10] Tokeshi, M. *et al.*: *Anal. Chem.*, **74**, 1565 (2002)
- [11] Wolff, A. *et al.*: Proc. Micro Total Analysis System 1998, p.77 (1998)
- [12] Fu, A. Y. *et al.*: *Nat. Biotechnol.*, **17**, 1109 (1999)
- [13] Terry, S. C. *et al.*: *IEEE Trans. Electron Devices*, **ED-26**, 1880 (1979)
- [14] He, B. *et al.*: *Anal. Chem.*, **70**, 3790 (1998)
- [15] 青木幸一他：微小電極を用いる電気化学測定法，電子情報通信学会 (1998)
- [16] Craston, D. H. *et al.*: *J. Electrochem. Soc.*, **135**, 785 (1988)
- [17] Sansen, W. *et al.*: *Sens. Actuators, B*, **1**, 298 (1990)
- [18] Tsukada, T. *et al.*: *Sens. Actuators, B*, **2**, 291 (1990)
- [19] Adachi, K. *et al.*: *Proc. Natl. Acad. Sci. USA*, **97**, 7243 (2000)
- [20] Itoh, H. *et al.*: *Nature*, **427**, 465 (2004)
- [21] Rondelez, Y. *et al.*: *Nat. Biotechnol.*, **23**, 361 (2005)
- [22] Tsukahara, S. *et al.*: *Anal. Chem.*, **73**, 5661 (2001)
- [23] Tsukahara, S. *et al.*: *Chem. Lett.*, 250 (2001)
- [24] マイクロ化学──微小空間の反応を探る（増原極微変換プロジェクト 編），化学同人 (1993)
- [25] Laser Tweezers in Cell Biology (Sheetz, M. P. ed), Academic Press (1998)
- [26] ナノピコスペースのイメージング（日本生物物理学会 編），吉岡書店 (1997)
- [27] Hashiguchi, G. *et al.*: *Anal. Chem.*, **75**, 4347 (2003)
- [28] Turner, S. W. P. *et al.*: *Phys. Rev. Lett.*, **88**, 1 (2002)
- [29] Han, J. *et al.*: *Science*, **288**, 1026 (2000)
- [30] Tabuchi, M. *et al.*: *Nat. Biotechnol.*, **22**, 337 (2004)
- [31] Kaji, N. *et al.*: *Anal. Chem.*, **76**, 15 (2004)
- [32] Kuwabara, K. *et al.*: Micro Total Analysis System 2004 (eds. Laurell, T. *et al.*), Vol.1, p. 297 (2004)
- [33] Cao, H. *et al.*: *Appl. Phys. Lett.*, **81**, 174 (2002)

[34] Kasianowicz, J. J. *et al.*: *Proc. Natl. Acad. Sci. USA*, **93**, 13770 (1996)
[35] Fologea, D. *et al.*: *Nano Lett.*, **5**, 1905 (2005)
[36] 斎木敏治他：ナノスケールの光物性，オーム社 (2004)
[37] Bruchez Jr., M. *et al.*: *Science*, **281**, 2013 (1998)
[38] Chan, W. C. W. *et al.*: *Science*, **281**, 2016 (1998)
[39] 吉野勝美：フォトニック結晶の基礎と応用，コロナ社 (2004)
[40] 竹岡敬和：ナノ微粒子合成とフォトニクスへの展開（高分子学会編），エヌ・ティー・エス，p. 93 (2006)
[41] 福井萬壽夫他：光ナノテクノロジーの基礎，オーム社 (2003)
[42] Nylander, C. *et al.*: *Sens. Actuators*, **3**, 79 (1982/3)
[43] 山田淳：電気化学および工業物理化学，**74**, 496 (2006)
[44] Mirkin, C. A. *et al.*: *Nature*, **382**, 607 (1996)
[45] プラズモンナノ材料の設計と応用技術（山田 淳 監修），シーエムシー出版 (2006)

索引

ア

青い発光 …………………………… 28
アクションスペクトル …………… 182
アナターゼ構造 …………………… 153
アニオン性配位子 ………………… 16
アルカンチオール ………………… 107
アレイ化技術 ……………………… 5
イオン散乱法 ……………………… 165
イオン伝導性 ……………………… 9
イオンビーム ……………………… 5
イオン・分子の認識 ……………… 123
鋳型合成 …………………………… 134
一重項酸素 ………………………… 27
一酸化炭素の酸化 ………………… 150
遺伝子解析 ………………………… 52
遺伝子デリバリー用キャリア …… 45
異方性エッチング ………………… 95
液液界面 …………………………… 3
液液界面の厚さ …………………… 65
液液抽出 …………………………… 195
液晶性 ……………………………… 9
液体界面 …………………………… 86
エッチング ………………………… 3
エネルギー障壁 …………………… 184
エネルギー分析器 ………………… 163
エバネッセント光 ………………… 206
エピタキシャル …………………… 148
エマルション ……………………… 4
エレクトロスピニング法 ………… 58
遠心液膜法 ………………………… 72
オージェ電子 ……………………… 164
オージェ電子分光法 ……………… 165
オリゴマー ………………………… 10
オンチップ合成法 ………………… 192

カ

外部応答性 ………………………… 8
界面 ………………………………… 65
界面活性剤 ………………… 37, 78, 131
界面導電現象 ……………………… 78
化学シフト ………………… 165, 169
可視光アンテナ …………………… 30
画像技術 …………………………… 36
カテコール ………………………… 123
カーボンナノチューブ …… 17, 57, 169
可溶化 ……………………………… 41
カラーバーコード ………………… 56
カリックス[n]アレーン …………… 15
癌細胞 ……………………………… 27
乾式エッチング …………………… 95
環状分子 ………………………… 2, 10
含浸法 ……………………………… 145
感応性電界効果型トランジスタ … 199
気液界面の厚さ …………………… 68
貴金属コロイド粒子 ……… 147, 156
貴金属触媒 ………………………… 143
希土類錯体 ………………………… 28
機能性官能基 ……………………… 118
機能性表面 ………………………… 108
機能発現 …………………………… 8
キノノイド補酵素 ………………… 124
キノン/ヒドロキノン基 ………… 119
逆ミセル …………………………… 131
吸着分子 …………………………… 175
協同作用 …………………………… 34
共同沈殿法 ………………………… 146
共役ポリマー ……………………… 28
局在プラズモン …………………… 207
局所バリアハイト ………………… 156
金 …………………………………… 107

金クラスター	156
金属錯体	10
金属ナノ微粒子	26
金属表面	175
金ナノ粒子触媒	150
金ナノロッド	51
金標識法	47
空間配列	7
クラウンエーテル	2, 10
グラフティング（接合）法	147
クラフト点	40
クリプタンド	11
グルコース	12
蛍光消光	31
計算科学	157
原子間力顕微鏡	80
抗癌剤	26
高感度分析	52
光合成	27
高次構造	8
光線力学治療分野	27
構造制御	7
高配向性分子層	107
高分子集合体	36
高分子電解質ブラシ	129, 136
固-液界面	76, 129, 139
固/気界面	75
固体触媒	143
固体表面	75
コバルトサレン錯体	25
コロイド粒子	78
コンバージェント法	21

サ

サイズ効果	149
細胞毒性	27
酸化還元反応	119
酸素貯蔵	25
酸素捕捉錯体	25
紫外線露光	94
磁気機能性	3, 9
シクロデキストリン	2, 12
自己集合錯体	2, 10
自己集合単分子膜	80
自己組織化	9, 106
自己組織化単分子膜	4, 85, 107
自己組織性	141
シスプラチン	26
磁性微粒子	201
湿式エッチング	95
疾病診断	52
磁場	88
集積型金属錯体	32
集団的ナノ構築	129
樹枝状（デンドリマー）高分子	158
樹木状多分岐高分子	20
触媒	3
触媒機能	25
触媒機能性	9
触媒作用	123
シリコン	107
真空蒸着法	147
人工タンパク質	25
振動状態	5
振動分光	180
水晶振動子マイクロバランス	109
水素終端	108
スターンモデル	77
スパッタ	146
スピンクロスオーバー	32
スピン転移温度	32
スポッティング法	192
生体膜	130
静電的相互作用力	80
赤外吸収分光	109
析出沈殿法	146
ゼータ電位	78
接合界面周縁部	150
セルソーター	196
全反射	206

相互作用の解離速度定数 ………… 82
走査型トンネル顕微鏡 …… 110, 155, 174
走査型トンネル分光法 ………… 175
相転移 ………………………… 32

■タ

対イオン凝集 ………………… 138
対イオンの浸透圧 …………… 137
大環状分子 …………………… 10
大環状ポリアミン類 ………… 15
第2高調波発生 ……………… 70
ダイバージェント法 ………… 21
単一分子 ………………… 5, 174
担体 …………………………… 4
担体効果 ……………………… 149
単分子反応 …………………… 175
チオール基 …………………… 107
チタノシリカライト ………… 153
チタノシリケート …………… 153
中性配位子 …………………… 16
超分子 ………………………… 9
超分子アプローチ …………… 8
電荷分離状態 ………………… 32
電気泳動 ………………… 78, 193
電気化学 ……………………… 115
電気化学発光 ………………… 122
電気二重層 …………………… 76
電子移動 ………………… 30, 119
電磁泳動力 …………………… 80
電子エネルギー損失分光法 … 165
電子供与体 …………………… 30
電子線露光 …………………… 94
電磁波 ………………………… 5
電子ビーム …………………… 5
電子プローブX線マイクロ分析法 … 163
電鋳法 ………………………… 100
デンドリマー ……………… 2, 7, 20
デンドロン …………………… 20
透過型電子顕微鏡（TEM） … 147
糖チップ ……………………… 193

導電性 ………………………… 9
等電点 ………………………… 146
糖被覆デンドリマー ………… 24
等方性エッチング …………… 95
特性X線 ……………………… 163
ドデカンチオール …………… 85
ドラッグデリバリーシステム … 26, 42
トリアゾール誘導体 ………… 32
トリスビピリジルルテニウム錯体 … 122
トリメチルアミン …………… 154
トリメチルシリル化 ………… 154
曇点 …………………………… 40
トンネル電子 ………………… 175

■ナ

ナノ …………………………… 174
ナノサイズ効果 ……………… 191
ナノチューブ ……………… 2, 7, 17
ナノテクノロジー …………… 174
ナノ反応場 …………………… 16
ナノピラー …………………… 202
ナノファイバー ………… 3, 57
ナノファブリケーション技術 … 114
ナノプラズモニクス ………… 208
ナノポア ……………………… 202
ナノ・マイクロ流体素子 …… 5
ナノ粒子 ……………………… 3
ナノ粒子集合体 ……………… 84
ナノ粒子の構造 ……………… 83
ナノ量子ドット ……………… 55
ナノワイヤ …………………… 167
二酸化チタン ………………… 148
2次イオン質量分析法 ……… 165
二十面体 ……………………… 157

■ハ

ハイスループットスクリーニング（HTS）
………………………………… 36
ハイブリダイゼーション …… 192
パーオキサイド ……………… 155

パターニング ………………………………… 4
白金ナノ粒子 ………………………………… 125
バッファー効果 ……………………………… 45
半導体ナノ微粒子 …………………………… 55
半導体粒子 …………………………………… 48
ビオロゲン …………………………………… 125
光化学リソグラフィー ……………………… 101
光機能性 ……………………………………… 3, 9
光機能性分子 ………………………………… 27
光触媒リソグラフィー ……………………… 101
光電気化学的水素発生 ……………………… 125
光電流 ………………………………………… 120
光捕集アンテナ ……………………………… 27
光誘起電子移動 ………………………… 31, 119
光リソグラフィー …………………………… 92
非晶質合金 …………………………………… 146
非弾性トンネル過程 ………………………… 175
非調和結合 …………………………………… 180
ピーポッド …………………………………… 169
表面 …………………………………………… 65
表面科学 ……………………………………… 157
表面間力測定 ………………………………… 80
表面修飾 ……………………………………… 78
表面増強ラマン散乱 ………………………… 74
表面張力 ……………………………………… 38
表面プラズモン ……………………………… 206
表面プラズモン共鳴 ………………………… 51
表面力測定 …………………………………… 136
ファンデルワールス力 ……………………… 80
フェロセン基 ………………………………… 119
フォトニック結晶 …………………………… 205
フラーレン …………………………………… 121
プログラミング ……………………………… 9
プロテインチップ …………………………… 193
プロトンスポンジ効果 ……………………… 45
プロピレンオキシド ………………………… 153
分子会合体 …………………………………… 74
分子シャトル ………………………………… 14
分子集合体 …………………………………… 129
分子素子 ……………………………………… 7

分子組織体 ……………………………… 36, 129
分子トポロジー ……………………………… 8
分子内振動 …………………………………… 177
分子ナノフラスコ …………………………… 25
分子配列構造 ………………………………… 109
分子標的性ナノ粒子 ………………………… 57
分子マクロクラスター ……………………… 139
分子マニピュレーション …………………… 176
分子ワイヤー ………………………………… 28
分析計測 ……………………………………… 174
ヘマタイト …………………………………… 148
ベンジルジアルコール ……………………… 156
飽和吸着量 …………………………………… 38
ホスト-ゲスト ………………………………… 2
ホスト-ゲスト作用 ………………………… 123
ホッピング …………………………………… 180
ボトムアップ型ナノテクノロジー ……… 126
ポリアミドアミンデンドリマー ………… 22
ポリグルタミン酸 …………………………… 136
ポリベンジルエーテルデンドリマー …… 23
ポリリジン …………………………………… 136
ポリロタキサン ……………………………… 14
ホール ………………………………………… 31
ポルフィリン …………………………… 74, 119

■ マ

マイクロ ……………………………………… 174
マイクロアレイ ……………………………… 191
マイクロウェルアレイ ……………………… 193
マイクロエマルション ………………… 129, 131
マイクロコンタクトプリンティング法 … 114
マイクロサイズ効果 ………………………… 190
マイクロチャネル …………………………… 193
マイクロ電極 ………………………………… 198
マイクロフロー系 …………………………… 73
マイクロ流体 ………………………………… 193
マスクレス露光 ……………………………… 94
水の効果 ……………………………………… 152
水の構造 ……………………………………… 68
ミセル …………………………………… 3, 36, 79

索引　215

無機層状化合物 10
無機ナノ構造体 134
無機ナノチューブ 17
無機ナノ粒子 131
メゾ細孔 135
メゾフェーズ 141
メディカルイメージング技術 54

■ ヤ

薬効成分 26
有機高分子 10
有機ナノチューブ 17
誘電泳動 201

■ ラ

ラマン分光 169
ラマン分光法 73
ラングミュア・ブロジェット法 106
リソグラフィー 3, 114
立体力 137
立方八面体 157
リフトオフ法 99
リポソーム 130, 133
量子サイズ効果 191
量子ドット 204
両親媒（amphihilic）性構造 37
臨界ミセル濃度 40
ルチル構造 153
励起 177
レクチン 54
レーザーピンセット 201
レーザー捕捉 201
レジスト 92
レドックスサイクル 198

■ ワ

和周波分光 68

■ 英字

（１１１）面 108
AES 165
CO 酸化の反応経路 152
DNA チップ 191
EDS 163
EELS 165
electrochemically generated luminescence 122
EPMA 163
EPR 効果 43
EUV リソグラフィー 92
Langmuir-Blodgett 法 106
MD シミュレーション 69
self-assembled monolayer 107
self-assembly 106
SIMS 165
STM 5, 110
TES 166
TOF 150
WDS 166
XPS 163
X 線光電子分光法 163
X 線リソグラフィー 92

Memorandum

Memorandum

●担当編集委員●

本間芳和（ほんま よしかず）
- 1978年　東北大学大学院理学研究科物理学専攻修士課程修了，日本電信電話公社武蔵野電気通信研究所，NTT物性科学基礎研究所を経て，2004年より現職
- 現　在　東京理科大学理学部物理学科教授，工学博士
- 専　攻　物性物理学，ナノ構造物理学

北森武彦（きたもり たけひこ）
- 1980年　東京大学教養学部基礎科学科卒業（物理・数学コース），㈱日立製作所エネルギー研究所研究員，東京大学工学部助手，講師，助教授を経て，1998年より現職
- 現　在　東京大学大学院工学系研究科教授，財団法人神奈川科学技術アカデミープロジェクトリーダー，工学博士
- 専　攻　マイクロ・ナノ化学，超高感度分析化学

ナノテクノロジー入門シリーズ II
ナノテクのための化学・材料入門
Introduction to Chemistry and Materials Science for Nanotechnology

2007年3月30日　初版1刷発行
2008年5月25日　初版2刷発行

編集　日本表面科学会　Ⓒ 2007　　　　　　　　　　　　　　　（検印廃止）
発行　**共立出版株式会社**　南條光章
　　　〒112-8700　東京都文京区小日向4-6-19
　　　Tel. 03-3947-2511　　Fax. 03-3947-2539　　振替口座 00110-2-57035
　　　http://www.kyoritsu-pub.co.jp/

印刷：加藤文明社　　製本：協栄製本
Printed in Japan　　ISBN 978-4-320-07171-1　　（社）自然科学書協会会員
NDC 500, 430

JCLS ＜㈱日本著作出版権管理システム委託出版物＞
本書の無断複写は著作権法上での例外を除き禁じられています．複写される場合は，そのつど事前に㈱日本著作出版権管理システム（電話03-3817-5670，FAX 03-3815-8199）の許諾を得てください．

ナノテクノロジー入門シリーズ

日本表面科学会 編集 　**全4巻**

《編集委員》
荻野俊郎・宇理須恒雄・本間芳和・北森武彦・菅原康弘・粉川良平・猪飼 篤・白石賢二

ナノテクノロジーは,広い領域にまたがる学際的な技術であるため,どこでも通用する定本はない。啓蒙書はすでに多数出版されているが,これから進路をきめる学生や,領域間の理解のために役立つ本は少ない。本シリーズは,学生・院生はもとより,ナノテク関連の研究者・技術者がそれまでの専門とは異なる分野のナノテクを学びはじめる際に役立つことをねらいとしたもので,多岐にわたるナノテクの基礎知識を個人レベルで異分野融合して習得できる,斬新でユニークなシリーズである。

I ナノテクのための**バイオ入門**
■担当編集委員:荻野俊郎・宇理須恒雄
【目次】 細胞の構造と機能:細胞内/細胞の構造と機能:細胞外/タンパク質とバイオチップ/タンパク質超分子を用いたナノ構造作製/モータータンパク質とその利用/DNAの構造と機能/DNAチップ・遺伝子診断技術/人工生体膜/神経細胞ネットワーク/原子間力顕微鏡による生体材料計測/タンパク質分子の力学特性:計算機シミュレーションによる理解

IV ナノテクのための**工学入門**
■担当編集委員:猪飼 篤・白石賢二
【目次】 機械工学/エレクトロニクス/レーザ装置とその応用/真空工学/マイクロマシニング・ナノマシニング/トップダウンリソグラフィによるナノ加工/表面工学と自己組織化技術/ナノオーダーの極薄膜の構造解析の実際/力学物性の測定/光学物性の測定/電気物性の測定/ナノ構造および物性の計算機シミュレーション

II ナノテクのための**化学・材料入門**
■担当編集委員:本間芳和・北森武彦
【目次】 基本構造:機能有機分子・超分子・デンドリマー・カーボンナノチューブ/高次構造:ナノワイヤ・ナノシート・ミセル・コロイド/局所構造:液液ナノ界面・固体界面・ナノ粒子/トップダウン構築/ボトムアップ構築:金属および半導体基板表面への機能性分子層の形成/集団的ナノ構築:ミセル形成・コロイド溶液反応・溶液自己組織化反応/貴金属触媒における粒子径と担体の効果/ナノ材料の分析計測/分子の分析計測:単一分子の反応と分光/ナノ・マイクロ構造による分析計測

III ナノテクのための**物理入門**
■担当編集委員:菅原康弘・粉川良平
【目次】 代表的な相互作用とその物理的起源/水素結合・疎水性相互作用・π電子相互作用/ナノスケール系の電子状態と電気伝導/摩擦力顕微鏡の理論的基礎/摩擦力顕微鏡の応用展開/走査型トンネル顕微鏡(STM)/原子間力顕微鏡(AFM)/近接場光学顕微鏡によるナノ分光測定/電子ビーム/放射光/固液界面ナノ領域の構造と電位/固液界面ナノ領域の力学

【各巻】A5判・224〜256頁
定価2835円(税込)

共立出版　〒112-8700　東京都文京区小日向4-6-19　http://www.kyoritsu-pub.co.jp/
TEL 03-3947-2511／FAX 03-3947-2539　★共立ニュースメール会員募集中★